工业激光安全指南

Guidelines for Industrial Laser Safety

主　编　李　婷　陈毕双

副主编　李　芳　荣佑民　周云申　黄　焰　肖海兵

参　编　李　寒　钟正根　陈新松　朱　超　李　谦
　　　　王　林　周小庄　黄山石　刘振林

主　审　姚建华

华中科技大学出版社
http://press.hust.edu.cn
中国·武汉

内 容 简 介

本书主要依据中华人民共和国《激光产品的安全》(GB/T 7247)和《机械安全　激光加工机》(GB/T 18490),以项目任务引领的方式简要介绍了激光产业链和激光设备的基础知识、激光设备和激光产品的安全性要求,详细介绍了激光设备和激光产品在生产和使用过程中可能产生的危害以及应对各类危险所应该采取的激光安全防护,详细介绍了产品全生命周期安全知识,列举了企业处理安全隐患、进行事故应急救援训练的实际案例,是激光设备和激光产品安全防护工作的基础读本,也是激光行业企业员工安全培训的系统教材。

图书在版编目(CIP)数据

工业激光安全指南/李婷,陈毕双主编.—武汉:华中科技大学出版社,2023.11
ISBN 978-7-5680-9771-0

Ⅰ.①工…　Ⅱ.①李…　②陈…　Ⅲ.①激光加工-工业生产设备-安全管理-指南　Ⅳ.①TG665-62

中国国家版本馆 CIP 数据核字(2023)第 188484 号

工业激光安全指南
Gongye Jiguang Anquan Zhinan

李　婷　陈毕双　主编

策划编辑:王红梅
责任编辑:朱建丽
封面设计:原色设计
责任校对:李　昊
责任监印:周治超
出版发行:华中科技大学出版社(中国·武汉)　　电话:(027)81321913
　　　　　武汉市东湖新技术开发区华工科技园　　邮编:430223
录　　排:武汉市洪山区佳年华文印部
印　　刷:武汉科源印刷设计有限公司
开　　本:787mm×1092mm　1/16
印　　张:16.5
字　　数:370千字
版　　次:2023 年 11 月第 1 版第 1 次印刷
定　　价:68.00 元

编委会单位

（排名不分先后）

国家激光产业技术创新战略联盟

激光加工国家工程研究中心

中国光学学会激光加工专业委员会

TC284/SC2 全国大功率激光器应用分委会

中国光学光电子行业协会激光分会

全国职业教育光电技术专业联盟

湖北省激光学会

武汉·中国光谷激光行业协会

温州市激光行业协会

广东省战略性产业人才培养与评价联盟

温州大学（瑞安研究生院）

深圳技师学院

深圳信息职业技术学院

武汉软件工程职业学院

武汉华工激光工程有限责任公司

武汉锐科光纤激光技术股份有限公司

海目星激光科技集团股份有限公司

大族激光科技产业集团股份有限公司

奔腾激光（浙江）股份有限公司

深圳市联赢激光股份有限公司

序　　言

由于激光在科研、工业、农业、军事、医疗、天文和人们的日常生活中得到了日益广泛的应用,工业激光设备和民用激光产品正在加速出现在激光与增材制造产业集群的专业从业者和普通民众的身边,截止 2022 年底,国内规模以上激光设备制造企业总数超过 1000 家,从业者接近 100 万人,可能接触到民用激光产品的人群更是不计其数。

同时我们应该看到,激光技术在给我们的生产生活带来巨大进步和方便的同时,如果人们缺乏激光安全基础知识、对潜在危险防范意识淡薄、设备使用不当、缺乏有效沟通手段,它们就可能存在诸如视网膜灼伤、眼部病变、皮肤烧伤、火灾、光化学危害、有毒粉尘危害、触电等安全隐患,甚至给人们带来生命危险。近年来,与激光相关的安全事故逐渐增多,这已经引起了主管部门和行业企业的高度重视,对全体从业者和参与者进行安全教育和培训是一项刻不容缓与应该长期坚持的工作。

从激光设备和激光产品的安全源头上进行分析,根据《机械安全　激光加工机》系列国家标准的定义,激光加工机是包含有一台或多台激光器,能提供足够的能量使一部分工件熔化、气化,或者引起相变的机械(机器),并且在准备使用时具有功能上和安全上的完备性。一台完整的工业激光设备由激光器系统、激光导光及聚焦系统、运动系统、冷却与辅助系统、控制系统、传感与检测系统六大功能系统组成,其核心为激光器系统,民用激光产品的系统组成也可以按此分类,但一般功能结构上更为简洁。根据上述设备的定义和系统组成,我们可以看出,工业激光设备和民用激光产品是典型的光、机、电一体化装置,影响安全的因素不仅仅局限于人们印象中的激光辐射安全,它们的设计、制造和使用过程应该满足国家标准对产品安全的全部要求,在这一点上全体从业者和参与者取得共识是非常重要的。

我高兴地看到,《工业激光安全指南》一书为全体从业者和参与者取得上述共识提供了一个良好的载体,该书以《激光产品的安全》系列国家标准和《机械安全　激光加工机》系列国家标准为基础,以激光与增材制造产业集群真实工作任务和工作过程(资讯、决策、计划、实施、检验、评价六个步骤)为导向,以项目任务为引领的写作方式简要介绍了激光产业链和激光设备的基础知识、激光设备和激光产品的安全性要求,详细介绍了激光设备和激光产品在生产和使用过程中可能产生的危险以及应对各类危险所采取的安全防护措施,详细介绍了产品全生命周期安全知识,列举了企业处理安全隐患、事故应急救援训练的实际案例,是国内第一套系统介绍激光设备和激光产品安全防护工作的安全培训教材,填补了国内激光与增材制造产业集群安全教育和培训在项目式训练教材方面的空白。

我代表中国光学学会激光加工专业委员会对本书的出版表示衷心祝贺,期待这本教材能对激光与增材制造产业集群乃至整个光电产业集群的安全教育、培训及管理工作提供经典案例,在整个国家的制造业高质量发展中发挥应有的支撑作用。

中国光学学会激光加工专业委员会主任委员

2023 年 9 月

前　　言

　　1960 年，世界上第一台激光器诞生。激光就被誉为 20 世纪新的四大发明（原子能、半导体、计算机、激光）之一，它被描述为最亮的光、最快的刀和最准的尺，不仅应用于科学技术研究的各个前沿领域，还广泛应用在工业、农业、军事、医疗、天文等领域，普遍出现在人们的日常生活中。截至 2023 年 9 月，全球激光加工市场规模已超过 200 亿美元。在我国，与激光相关的岗位从业人员总数在 100 万以上，需求年增加量在 10 万人以上。如果加上接触各类激光应用场景的普通大众，总人数可在 1000 万人以上。

　　面对数量如此庞大的受众群体，激光设备[①]和激光产品的制造、使用、维护和维修全过程的安全教育和培训就显得十分必要和迫在眉睫。安全是激光产业高质量发展的底线，是"人民至上、生命至上"的最生动体现。令人遗憾的是，除了比较专业的激光安全国家标准之外，目前国内还没有一本全面介绍激光设备和激光产品安全的普及性权威读本和培训教材。鉴于此，我们以国际标准化组织（ISO）、国际电工委员会（IEC）、美国激光学会和国家标准化管理委员会发布的激光技术标准为基础，在讲述相关知识的基础上完成技能训练项目和任务的方式，对激光设备和激光产品可能存在的安全隐患与防护方法进行了全面整理。期待本书能起到抛砖引玉的作用，不仅让从事激光技术领域工作的科研人员、工程技术人员及相关专业高校学生等，还让可能接触到激光应用场景的普通大众具备激光安全防护知识，做好激光安全防护，使得激光技术真正成为我们创造更加美好生活的工具。具体而言，本书主要通过以下五个技能训练项目来实现教学目标。

　　项目 1：认识激光行业和激光企业。

　　项目 2：识别激光装置和可能危险。

　　项目 3：激光装置固有危险的防护。

　　项目 4：激光装备外部影响（干扰）危险的防护。

　　项目 5：产品全生命周期安全与事故应急救援。

　　由于以真实技能训练项目代替了大部分纯理论推导过程，本书特别适合激光设备和激光产品的生产制造企业及其数量庞大的客户作为员工激光安全培训教材使用，同时也可作为职业院校相关专业的激光安全与防护课程的教材。

　　本书内容由主编和副主编集体讨论形成，李婷负责整体策划，项目 1 任务一和任务二、项目 4 任务一和任务二由深圳技师学院陈毕双执笔编写，项目 2 任务一、项目 4 任务四由华中科技大学荣佑民执笔编写，项目 2 任务二由武汉软件工程职业学院黄焰执笔编写，项目 3 任

---

　　①　激光设备又称激光装置、激光加工机。

务一和任务二、项目 5 任务一由武汉华工激光工程有限责任公司李婷执笔编写,项目 3 任务三由上海交通大学周云申执笔编写,项目 3 任务四、项目 5 任务二由武汉工程大学李芳执笔编写,项目 4 任务三由深圳信息职业技术学院肖海兵执笔编写。钟正根、陈新松、朱超、李谦、王林、周小庄、黄山石、刘振林为本书提供了大量的原始资料及编写建议,武汉华工激光工程有限责任公司李寒参与了全书的资料收集整理工作,全书由陈毕双统稿。

国家激光产业技术创新战略联盟、中国光学学会激光加工专业委员会、全国职业教育光电技术专业联盟、武汉·中国光谷激光行业协会的各位领导和专家学者一直关注这本激光安全培训教材的出版工作,在此一并深表感谢。

本书在编写过程中参阅了一些专业著作、文献和企业的设备说明书,谨向作者表示诚挚的谢意。

本书承蒙浙江工业大学激光先进制造研究院姚建华教授仔细审阅,提出了许多宝贵意见,武汉华工激光工程有限责任公司总经理邓家科、武汉锐科光纤激光技术股份有限公司总工程师闫大鹏、大族激光科技产业集团股份有限公司副总裁陈焱、奔腾激光(浙江)股份有限公司总裁吴让大、深圳市联赢激光股份有限公司副董事长牛增强对本书给予大力支持,中国光学学会激光加工专业委员会主任委员张庆茂教授欣然为本书作序,在此一并深表感谢。

限于编者的水平和经验,本书难免存在错误和不妥之处,敬请广大读者批评指正,联系邮箱:lit@hglaser.com。

编 者

2023 年 9 月

目　　录

认识激光行业和激光企业

众所周知,激光良好的单色性、方向性、相干性和高能量密度为激光技术的广泛应用开辟了无限可能的应用场景,是落实国民经济高质量发展的有效工具。

得益于广阔的国内国际两个市场,中国的激光产业得到了高速发展,已经形成了完备的激光加工和激光装备产业链。与此同时,我们必须清醒地认识到,以激光技术为核心的激光产业链不断壮大也给激光安全工作带来了全新的挑战,成为激光行业所有从业者必须高度重视的工作。

激光行业的高速发展,以及激光行业国家标准和行业规范的相对滞后,包括激光行业在内的众多行业机构和人员对激光行业和激光企业的组成结构存在许多模糊认识,成为激光安全工作的不确定因素。

因此,完成项目1,认识激光行业和激光企业是一项十分必要且有意义的工作,它包含以下2个任务:

任务一　认识激光行业和行业组织;

任务二　认识激光企业和岗位人员。

通过完成项目1上述2个任务,本书读者将对激光行业和激光企业有初步的认识,为开展激光安全工作打下良好基础。

任务一　认识激光行业和行业组织

【学习目标】

> **知识目标**
>
> 1. 掌握激光产业链基础知识
> 2. 了解国内国际激光安全机构
> 3. 了解国内国际激光安全标准
>
> **技能目标**
>
> 1. 查找国内国际激光安全机构
> 2. 查询国内国际激光安全标准

【任务描述】

　　某激光企业完成了欧盟某个国家的一套新能源激光加工成套设备订单,拟编制该成套设备的产品说明书,说明书上要求写明该设备安全使用的相关事项。这些事项的具体要求体现在欧盟制定的相关标准中。

　　欧盟制定的相关标准有哪些? 由什么机构负责解释? 这些标准和国内的标准存在什么关系? 国内由什么机构负责此项工作? 怎样联系它们?

　　项目1中的任务一力求通过任务引领的方式回答上述问题,让读者掌握其中涉及的必要知识和主要技能。

【学习储备】

一、激光产业链基础知识

(一)国民经济行业分类

1. 行业分类国家标准

　　《国民经济行业分类》规定了全社会经济活动的分类与代码,目前该标准的最新版本是GB/T 4754—2017,如图1-1所示。

2. 行业分类术语和定义

1)国民经济基础知识

　　国民经济(national economy)是指一个现代国家范围内各社会生产部门、流通部门和其他经济部门所构成的互相联系的总体。从生产力布局的宏观领域来划分,国民经济由第一

ICS 35.040
A24

中华人民共和国国家标准

GB/T 4754—2017
代替 GB/T 4754—2011

国民经济行业分类

Industrial classification for national economic activities

（UNSD:2006 ,International standard industrial classification of all

economic activities, NEQ）

2017-06-30 发布　　　　　　　　　　　　　　　　2017-10-01 实施

中华人民共和国国家质量监督检验检疫总局　发布
中　国　国　家　标　准　化　管　理　委　员　会

图 1-1　《国民经济行业分类》（GB/T 4754—2017）封面示意图

产业、第二产业及第三产业组成，如图 1-2 所示。

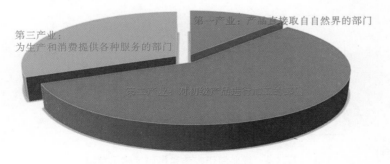

图 1-2　三个产业的示意图

2）行业基础知识

根据生产力的技术特点划分,行业(industry)是从事相同性质经济活动所有单位(unit)的集合,单位是有效地开展各种经济活动的实体,可分为法人单位(corporate unit)和产业活动单位(industrial activity unit)两类,是划分国民经济行业的主要载体。

3）单位活动分类

单位对外从事两种以上的经济活动时,占其单位增加值份额最大的一种活动称为主要活动(principal activity)。单位对外从事的所有经济活动中,除主要活动以外的经济活动都称为次要活动(secondary activity)。单位的全部活动中不对外提供产品和劳务的内部活动称为辅助活动(supporting activity)。

3. 行业分类原则和相关规定

1）行业分类原则

国民经济总体采用经济活动的同质性原则进行行业分类,即行业类别按照同一种经济活动的性质而不是按照人员编制、会计制度或部门管理等分类。

2）行业分类单位

根据联合国颁布的《国际标准产业分类》(ISIC Rev. 4),我国国家标准主要以产业活动单位和法人单位作为划分行业的单位。

3）单位行业归属原则

按照单位的主要经济活动确定其行业性质。当单位从事一种经济活动时,应按照该经济活动确定单位的行业。当单位从事两种以上的经济活动时,应按照主要活动确定单位的行业。

4. 行业编码方法和代码结构

1）行业编码方法

国民经济采用线分类编码方法和分层次编码代码结构,将行业划分为门类、大类、中类和小类四级。

2）代码结构

行业编码代码结构由一位拉丁字母和四位阿拉伯数字组成,如图1-3所示。

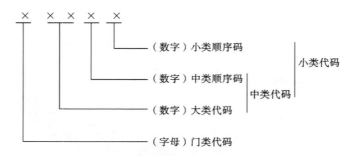

图 1-3　行业编码方法和代码结构示意图

5. 国民经济行业分类解析

1) 行业分类概述

在《国民经济行业分类》(GB/T 4754—2017)中,行业分类共有 20 个门类,包括 97 个大类、473 个中类、1380 个小类,如图 1-4 所示。

序号	门类	序号	门类
A	农、林、牧、渔业	K	房地产业
B	采矿业	L	租赁和商务服务业
C	制造业	M	科学研究和技术服务业
D	电力、热力、燃气及水生产和供应业	N	水利、环境和公共设备管理业
E	建筑业	O	居民服务、修理和其他服务业
F	批发和零售业	P	教育
G	交通运输、仓储和邮政业	Q	卫生和社会工作
H	住宿和餐饮业	R	文化、体育和娱乐业
I	信息传输、软件和信息技术服务业	S	公共管理、社会保障和社会组织
J	金融业	T	国际组织

图 1-4 《国民经济行业分类》(GB/T 4754—2017)分类示意图

2) 制造业概述

制造业(manufacturing industry)是指利用某种资源(物料、能源、设备、工具、资金、技术、信息和人力等),按照市场要求,通过制造过程,转化为可供人们使用和利用的大型工具、工业品与生活消费产品的行业。

在《国民经济行业分类》(GB/T 4754—2017)中,制造业门类代码为 C,区间为 C13～C43,共有 31 个大类、191 个中类、525 个小类,如表 1-1 所示。

表 1-1 制造业大类组成表

大类	名称	大类	名称
C13	农副食品加工业	C29	橡胶和塑料制品业
C14	食品制造业	C30	非金属矿物制品业
C15	酒、饮料和精制茶制造业	C31	黑色金属冶炼和压延加工业
C16	烟草制品业	C32	有色金属冶炼和压延加工业
C17	纺织业	C33	金属制品业
C18	纺织服装、服饰业	C34	通用设备制造业
C19	皮革、毛皮、羽毛及其制品和制鞋业	C35	专用设备制造业

大类	名称	大类	名称
C20	木材加工和木、竹、藤、棕、草制品业	C36	汽车制造业
C21	家具制造业	C37	铁路、船舶、航空航天和其他运输设备制造业
C22	造纸及纸制品业	C38	电气机械和器材制造业
C23	印刷和记录媒介复制业	C39	计算机、通信和其他电子设备制造业
C24	文教、工美、体育和娱乐用品制造业	C40	仪器仪表制造业
C25	石油加工、炼焦和核燃料加工业	C41	其他制造业
C26	化学原料和化学制品制造业	C42	废弃资源综合利用业
C27	医药制造业	C43	金属制品、机械和设备修理业
C28	化学纤维制造业		

按产品对象分类，制造业又可以分为轻纺工业（包括农副食品加工业，烟草制品业，纺织服装、服饰业，家具制造业，印刷和记录媒介复制业等）、资源加工工业（包括石油加工、炼焦和核燃料加工业，医药制造业，橡胶和塑料制品业，黑色金属冶炼等压延加工业等）和机械电子制造业（包括铁路、船舶航空航天和其他运输设备制造业、仪器仪表制造业等）三大领域，它直接体现一个国家的生产力水平，在国民经济中占有的比重是区别发展中国家和发达国家的重要依据。

目前，在联合国颁布的《国际标准产业分类》(ISIC rev. 4)里的 39 大类、191 中类和 525 个小类各类产品中，中国是全世界生产所有类型产品的唯一国家，有 220 种以上产品的产量常年居于世界第一位，中国是制造业大国，正在向制造业强国的目标迈进。

3）装备制造业概述

在机械电子制造业领域，我国提出了装备制造业的独有概念。装备制造业是为满足国民经济各部门发展和国家安全需要而制造各种技术装备的产业总称，即生产机器的机器制造业，又称为装备工业。

按照《国民经济行业分类》(GB/T 4754—2017)划分，装备制造业产品分属于 C33（金属制品业，不包括搪瓷和不锈钢及类似日用金属制品制造业）、C34（通用设备制造业）、C35（专用设备制造业，不包括医疗仪器设备及器械制造业）、C37（铁路、船舶、航空航天和其他运输设备制造业，不包括摩托车和自行车制造业）、C38（电气机械和器材制造业，不包括电池、家用电力及非电力家用器具和照明器具的制造业）、C39（计算机、通信和其他电子设备制造业，不包括家用视听设备制造业）、C40（仪器仪表制造业，不包括文化、办公用机械制造业）和 C43（金属制品、机械和设备修理业）共 8 个大类、193 个小类产品范围。我们把制造高技术、高附加值设备的行业称为高端装备制造业，如图 1-5 所示。

（二）激光行业基础知识

1. 激光产业与激光行业概述

激光产业是利用激光技术为核心生成各类零件、组件、设备以及应用市场的总和。目

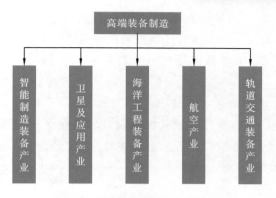

图 1-5　高端装备制造业示意图

前,激光行业没有单独出现在《国民经济行业分类》(GB/T 4754—2017)中,然而公认的观点是,激光产业既是高端装备制造业的组成部分,又是整个制造业的技术基础,还渗透到国民经济 20 个门类中的几乎所有行业。或许在不久的将来,在 C34、C35 或 C39 行业大类中会出现与激光相关的单独行业,让我们拭目以待。

2. 激光装备产业链与激光行业应用

1)激光行业企业组成

激光行业由激光装备制造和激光装备应用两大类企业组成。总体而言,前者与国家产业布局紧密相连,后者与当地产业结构紧密相连,我国已经形成了比较完整的激光装备制造上、中、下游产业链,如图 1-6 所示。

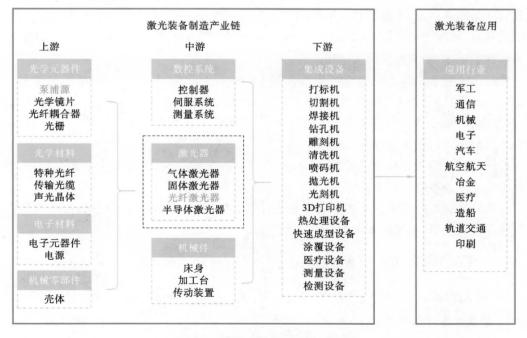

图 1-6　激光行业企业组成示意图

　　2）激光装备制造上游产业链企业概述

　　上游产业链主要涉及光学及其配套元器件制造企业,包括光学元器件(泵浦源等)、光学材料(特种光纤、传输光缆、声光晶体等)、电子材料(电子元器件等)和机械零部件等生产企业。

　　3）激光装备制造中游产业链企业概述

　　中游产业链主要涉及各类激光器及其配套设备制造企业,包括激光器(固体激光器、半导体激光器、光纤激光器、气体激光器等)、数控系统(控制器、伺服系统、测量系统等)、机械件(床身、加工台、传动装置)生产企业。

　　4）激光装备制造下游产业链企业概述

　　下游产业链主要涉及激光设备和各类仪器的整机和生产线制造企业,主要包括激光加工、光通信、光存储、激光医疗、激光标记、激光照排和印刷、激光测量、激光显示和激光武器等生产企业,企业数量最多。

　　5）激光装备应用企业概述

　　激光装备应用企业主要有军工、通信、医疗、航空航天等多个领域。激光装备改变了汽车、机械、消费电子、半导体、玻璃、陶瓷、珠宝首饰等传统行业的加工模式,为光伏电池、锂电池等新兴行业提供了技术支撑,还催生出了全新的激光增材制造技术。

　　6）激光装备制造地域分布概述

　　国内激光装备制造已经形成华中、珠三角、长三角、环渤海四大产业带,近年来,西部地区四川和陕西等地也在快速形成产业规模。

　　华中产业带以武汉光谷为中心,集聚了包括华工科技、锐科激光、金运激光、高德红外等超过 200 家知名企业,不但拥有完整的激光装备产业链,还拥有华中科技大学国家激光产学研国家基地,在激光相关技术的研发和创新上占据国内领先地位,集聚了国内激光领域众多专家和技术人才,是当之无愧的中国光谷。

　　珠三角产业带在激光技术市场化上有着天然的产业优势,是激光装备制造和应用产业的集聚中心,主要分布深圳、广州、东莞、佛山等城市。深圳拥有大族激光、光韵达、联赢激光、创鑫激光、杰普特光电等众多装备制造企业,激光装备应用领域也非常广泛,激光装备制造产业产值和出口额常年位列全国第一。

　　长三角产业带主要分布在上海、南京、温州、苏州、宁波等地,拥有众多激光元器件、激光器及激光应用设备制造厂家。

　　环渤海产业带的各类企业主要集中在北京、天津、济南、沈阳、大连等地,由于背靠各高等院校和科研院所,技术研发实力较强。

二、国内国际激光安全机构知识

(一)国内激光安全机构概况

1. 国家标准化管理委员会

　　国家标准化管理委员会(Standardization Administration,简称 SAC)是国务院授权的履行行政管理职能,统一管理全国标准化工作的主管机构,是隶属国家市场监督管理总局的事业单位。

2. 全国光辐射安全和激光设备标准化技术委员会

1)机构概述

全国光辐射安全和激光设备标准化技术委员会(Standardization of Optical Radiation Safety and Laser Equipment,简称 SAC/TC284)是国家标准化管理委员会(SAC)下属的一个技术委员会,由中国机械工业联合会筹建并进行标准化业务指导,其主要任务是指导制定激光产品安全标准,对口国际电工委员会相关机构(IEC/TC76),目前有 TC284/SC1、TC284/SC2 和 TC284/SC4 共三个分委会。

2)TC284/SC1 分委会

该分委会负责激光材料加工和激光设备、激光加工材料的分类、激光加工设备的使用安全要求、激光加工设备电气安全、工业激光的安全等级、激光安全防护、各种激光设备的分类和质量、激光加工工艺、环境保护等标准的制定和审核工作。

3)TC284/SC2 分委会

该分委会负责大功率激光器应用、辐射安全等标准的制定和审核工作。

4)TC284/SC4 分委会

该分委会负责非相干光辐射安全标准的制定和审核工作。

3. 全国光学和光子学标准化技术委员会

全国光学和光子学标准化技术委员会(Standardization of Optics and Photonics,简称 SAC/TC103)是国家标准化管理委员会(SAC)下属的另外一个与光电相关的技术委员会,由中国机械工业联合会筹建并进行标准化业务指导,其主要任务是进行光学和光子学行业领域的全国性标准化工作的组织和归口工作,对口国际标准化组织相关机构(ISO/TC172)。

(二)国际激光安全标准化组织概况

1. 国际标准化组织

国际标准化组织(International Organization for Standardization,简称 ISO)成立于 1946 年,总部设于瑞士日内瓦,成员由来自世界上 100 多个国家的国家标准化团体组成,代表中国参加 ISO 的国家机构是中国国家技术监督局(CSBTS)。

国际标准化组织最有名的产品是 ISO9001 质量管理体系国际标准,激光行业所属企业的质量管理体系都应该以此标准为主,以获得相应的认证证书。

2. 国际电工委员会第 76 技术委员会

1)机构概述

国际电工委员会(International Electrotechnical Commission,简称 IEC)成立于 1906 年,是世界上成立最早的国际性电工标准化机构,工作领域已经扩展到了电子、电力、微电子及其应用、通信、视听、机器人、信息技术、新型医疗器械和核仪表等电工技术的各个方面,负责有关电气工程和电子工程领域中的国际标准化工作。我国以国家标准化管理委员会的名义参加 IEC 的相关对接工作。

2）国际电工委员会第 76 技术委员会

国际电工委员会第 76 技术委员会（International Electrotechnical Commission/ Technical Committee 76，简称 IEC/TC76）是专门从事光辐射安全和激光设备的技术委员会。

三、国内国际激光安全标准知识

（一）国内激光安全标准概述

1. 安全标准分类

1）强制性国家标准

国家标准的编号由强制性国家标准的代号、国家标准发布的顺序号和国家标准发布的年号（发布年份）构成。

强制性国家标准代号为 GB，含有强制性条文及推荐性条文，当全文强制时可不含有推荐性条文。强制性条文是法律及行政法规强制执行的国家标准，如图 1-7（a）所示的《激光产品的安全 第 1 部分：设备分类、要求》（GB 7247.1—2012）。

2）推荐性国家标准

推荐性国家标准代号为 GB/T，表示全文推荐国家标准，是指生产、检验、使用时通过经济调节手段由设备制造商和用户自愿采用的国家标准，如图 1-7（b）所示的《激光产品的安全 第 4 部分：激光防护屏》（GB/T 7247.4—2016）。

推荐性国家标准一经接受并采用，或各方商定同意纳入经济合同中，就成为各方必须共同遵守的技术依据，具有法律上的约束性。

2. 激光安全标准分类

由于激光装置和激光类产品结构上大多数由光学系统、机械装置和各类电源构成，所以它们的设计、制造、使用和维护维修过程都要受到光学、机械和电气等三个领域的国家和行业安全标准来规范。在本书中我们把激光安全标准划分为激光类、机械类和电气类三类安全标准进行说明。如果产品涉及进出口贸易，还要通过相关国际组织的各类安全许可认证流程。

3. 激光类安全标准介绍

1）激光类安全标准概述

激光类安全标准是一个系列标准，由包含强制性国家标准 GB 和推荐性国家标准 GB/T 等数个相关标准组成。

2）激光类安全标准案例

GB 7247 系列标准是主要的激光类安全标准，它规范了激光产品及器件的分类方法和一般要求。已经颁布的 GB 7247 系列标准如表 1-2 所示，它的序号并不是全部存在的，所缺其他标号的国家标准还在陆续开发制定中。如有必要，读者可直接查找引用相关国际标准。

ICS 31.260
L 51

中华人民共和国国家标准

GB 7247.1—2012/IEC 60825-1:2007
代替 GB 7247.1—2001

激光产品的安全
第 1 部分:设备分类、要求

Safety of laser products—
Part 1:Equipment classification and requirements

(IEC 60825-1:2007,IDT)

2012-12-31 发布　　　　2013-12-25 实施

中华人民共和国国家质量监督检验检疫总局
中国国家标准化管理委员会　发布

（a）强制性国家标准

ICS 31.260
L 51

中华人民共和国国家标准

GB/T 18490.1—2017
代替 GB 18490—2001

机械安全　激光加工机
第 1 部分:通用安全要求

Safety of machinery—Laser processing machines—
Part 1:General safety requirement

(ISO 11553-1:2005,Safety of machinery—Laser processing machines—
Part 1:General safety requirements,MOD)

2017-12-29 发布　　　　2018-07-01 实施

中华人民共和国国家质量监督检验检疫总局
中国国家标准化管理委员会　发布

（b）推荐性国家标准

图 1-7　强制性/推荐性国家标准示意图

表 1-2　已颁布激光类安全系列标准（GB 7247）

代号	名称
GB 7247.1—2012	第 1 部分:设备分类、要求
GB/T 7247.2—2018	第 2 部分:光纤通信系统(OFCS)的安全
GB/T 7247.3—2016	第 3 部分:激光显示与表演指南
GB/T 7247.4—2016	第 4 部分:激光防护屏
GB/T 7247.5—2017	第 5 部分:生产者关于 GB 7247.1 的检查清单
GB/T 7247.9—2016	第 9 部分:非相干光辐射最大允许照射量
GB/T 7247.13—2018	第 13 部分:激光产品的分类测量
GB/T 7247.14—2012	第 14 部分:用户指南

4. 机械类安全标准介绍

1）机械类安全标准概述

机械类安全标准也是一个系列标准,由数个推荐性国家标准组成。它规定了激光加工机完整的危险状态类型和防止危险状态产生的有效措施,如图 1-8 所示。

ICS 31.260
L 51

中华人民共和国国家标准

GB/T 18490.1—2017
代替 GB 18490—2001

机械安全　激光加工机
第 1 部分:通用安全要求

Safety of machinery—Laser processing machines—
Part 1:General safety requirement

(ISO 11553-1:2005,Safety of machinery—Laser processing machines—
Part 1:General safety requirements,MOD)

2017-12-29 发布　　　　　　　　2018-07-01 实施

中华人民共和国国家质量监督检验检疫总局　发布
中 国 国 家 标 准 化 管 理 委 员 会

图 1-8　机械类国家标准示意图

2）机械类安全系列标准

GB/T 18490 系列标准是主要的机械安全标准,目前由三个推荐性国家标准构成,《机械安全 激光加工机 第 1 部分:通用安全要求》(GB/T 18490.1—2017)、《机械安全 激光加工机 第 2 部分:手持式激光加工机安全要求》(GB/T 18490.2—2017)和《机械安全 激光加工机 第 3 部分:激光加工机和手持式加工机及相关辅助设备的噪声降低和噪声测量方法(准确度 2 级)》(GB/T 18490.3—2017)。

5. 电气类安全标准介绍

1）电气类安全标准概述

电气类安全标准是体系庞大的系列标准,它一般体现 GB 7247 激光类安全标准和 GB/T 18490 机械类安全标准中的规范性引用文件,如图 1-9 所示。制造商和用户必须将这些标准落实在设备制造和使用的全过程中。

2）电气类安全标准案例

GB/T 5226 系列标准是主要的电气安全标准,有 8 个细分标准,在激光加工设备制造和使用过程中主要引用《机械电气安全 机械电气设备 第 1 部分:通用技术条件》(GB/T 5226.1—

2　规范性引用文件

下列文件对于本文件的应用是必不可少的。凡是注日期的引用文件,仅注日期的版本适用于本文件。凡是不注日期的引用文件,其最新版本(包括所有的修改单)适用于本文件。

IEC 60050-845:1987　国际电工词汇(IEV)第 845 章:光(International Electrotechnical Vocabulary (IEV)—Chapter 845:Lighting)

IEC 60601-2-22　医用电气设备　第 2 部分:诊断和治疗激光设备安全的专用要求(Medical electrical equipment—Part 2:Particular requirements for the safety of diagnostic and therapeutic laser equipment)

IEC 61010-1　测量、控制和实验室用电气设备的安全要求　第 1 部分:通用要求(Safety requirements for electrical equipment for measurement,control,and laboratory use—Part 1:General requirements)

图 1-9　电气类标准规范性引用文件示意图

2019)相关内容。

(二)国内激光行业标准查询方法

1. 国家标准全文公开系统概述

国家标准全文公开系统界面收录现行有效强制性国家标准 GB、现行有效推荐性国家标准 GB/T 和现行有效指导性技术文件 GB/Z,如图 1-10 所示。

图 1-10　国家标准全文公开系统界面示意图

国家标准全文公开系统网址为:https://openstd.samr.gov.cn/bzgk/gb/index。

2. 全国标准信息公共服务平台

全国标准信息公共服务平台提供国内国家标准、行业标准、地方标准、团体标准、企业标准、国际标准的查阅方式,如图 1-11 所示。

全国标准信息公共服务平台网址为:http://std.samr.gov.cn/。

(三)国际激光安全标准概述

1. 国际标准(IEC 60825)概述

IEC 60825 是国际电工委员会 IEC/TC76 制定的激光类产品的国际系列标准,该标准的

图 1-11   全国标准信息公共服务平台界面示意图

英文版及其对应的中文版首页如图 1-12(a)和图 1-12(b)所示。注意,IEC 60825 系列标准的主要内容已经被 GB 7247 对应的系列标准吸收。

(a)英文封面   (b)中文封面

图 1-12   IEC 60825 国际标准中英文封面示意图

2. 国际标准(IEC 60825)案例

目前 IEC 60825 相关的标准文件共有 10 个,如表 1-3 所示。

表 1-3　IEC 60825 激光产品安全标准系列

IEC 60825 标准文件名称
IEC 60825-1:2014 Safety of laser products-Part1:Equipment classification and requirements
IEC 60825-2:2021 Safety of laser products-Part2: Safety of optical fiber communication systems(OFCS)
IEC TR 60825-3:2022 Safety of laser products-Part3: Guidance for laser displays and shows
IEC 60825-4:2022 Safety of laser products-Part 4: Laser guards
IEC TR 60825-5:2019 Safety of laser products-Part5: Manufacturer's checklist for IEC 60825-5
IEC TR 60825-8:2022 Safety of laser products-Part8: Guidelines for the safe use of laser beams on humans
IEC 60825-12:2022 Safety of laser products-Part12: Safety of free space optical communication systems used for transmission of information
IEC TR 60825-13:2011 Safety of laser products-Part13: Measurements for classification of laser products
IEC TR 60825-14:2022 Safety of laser products-Part 14: A user's guide
IEC TR 60825-17:2015 Safety of laser products-Part17: Safety aspects for use of passive optical components and optical cables in high power optical fiber communication systems

3. 美国标准(ANSI Z136)案例

美国国家标准学会 ANSI Z136 推荐的激光文件共有 9 个,如表 1-4 所示。

表 1-4　ANSI Z136 激光产品安全标准系列

ANSI 标准文件名称
ANSI Z136.1-2022 Standard for Safe Use of Lasers
ANSI Z136.2-2012 Safe Use of Optical Fiber Communication Systems Utilizing Laser Diode and LED Sources
ANSI Z136.3-2018 Standard for Safe Use of Lasers in Health Care
ANSI Z136.4-2021 Standard Recommended Practice for Laser Safety Measurements for Classification and Hazard Evaluation
ANSI Z136.5-2020 Standard for Safe Use of Lasers in Educational Institutions
ANSI Z136.6-2015 Safe Use of Lasers Outdoors

续表

ANSI 标准文件名称
ANSI Z136.7-2020 Standard for Testing and Labeling of Laser Protective Equipment
ANSI Z136.8-2021 Standard for Safe Use of Lasers in Research，Development or Testing
ANSI Z136.9-2013 Safe Use of Lasers in Manufacturing Environments

【任务实施】

（1）制订项目1任务一工作计划，填写项目1任务一工作计划表（见表1-5）。

表 1-5　项目1任务一工作计划表

1. 任务名称			
2. 搜集整理项目1任务一课外书、网站、公众号	（1）	课外书	
	（2）	网　站	
	（3）	公众号	
3. 搜集总结项目1任务一主要知识点信息	（1）	知识点	
		概　述	
	（2）	知识点	
		概　述	
	（3）	知识点	
		概　述	
	（4）	知识点	
		概　述	
	（5）	知识点	
		概　述	
4. 搜集总结项目1任务一主要技能点信息	（1）	技能点	
		概　述	
	（2）	技能点	
		概　述	
	（3）	技能点	
		概　述	
5. 工作计划遇到的问题及解决方案			

（2）完成项目1任务一实施过程，填写项目1任务一工作记录表（见表1-6）。

表 1-6 项目 1 任务一工作记录表

工作任务	工作流程		工作记录
1.	(1)		
	(2)		
	(3)		
	(4)		
2.	(1)		
	(2)		
	(3)		
	(4)		
3.	(1)		
	(2)		
	(3)		
	(4)		
4. 实施过程遇到的问题及解决方案			

【任务考核】

（1）培训对象完成项目 1 任务一以下知识练习考核题。

① 写出以下符号的英文全称和中文含义。

SAC/TC284：

IEC/TC76：

ISO/TC 172：

ANSI Z136：

② 请写出你熟悉的两个人所从事的职业、行业分类代码和产业分类。古有 360 行，现今你认为有多少行？

③ 写出激光行业组成企业的两类名称，你所在的企业属于哪一类企业。写出你所在的城市激光行业的特点。

④ 写出产业链的定义和激光行业产业链的构成。查找资料,列举激光行业产业链上的国内外知名企业,填写表1-7。

表 1-7 激光行业产业链企业案例

类别	上游企业	中游企业	下游企业
国内			
国外			

⑤ 写出 GB 7247 系列标准的主要功能,根据用途填写表1-8。

表 1-8 GB7247 系列标准应用案例

	用途	GB 7247 对应标准
1	激光设备生产命名	
2	编制设备使用说明书	
3	光纤通信系统安全	
4	激光秀表演安全	
5	生产激光防护屏	
6	照明产品安全	
7	激光器测量	

(2)培训对象完成项目1任务一以下技能训练考核题。

① 利用课内外教材、网站、公众号等资源,查找国内激光安全机构相关情况,填写表1-9。

表 1-9 国内激光安全机构案例

中文名称		英文名称	
联系地址		电 话	
E-MAIL		传 真	
网 站		邮 编	
联系人与联系方式(选填)			

② 利用课内外教材、网站、公众号等资源,查找国际激光安全机构相关情况,填写表1-10。

表 1-10 国际激光安全机构案例

中文名称		英文名称	
联系地址		电 话	
E-MAIL		传 真	
网 站		邮 编	
联系人与联系方式(选填)			

（3）培训教师和培训对象共同完成项目1任务一考核评价,填写考核评价表(见表1-11)。

表1-11 项目1任务一考核评价表

评价项目	评价内容	权重	得分	综合得分
专业知识	知识练习考核题完成情况	40%		
专业技能	技能训练考核题完成情况	40%		
综合能力	培训过程总体表现情况	20%		

任务二 认识激光企业和岗位人员

【学习目标】

知识目标

1. 了解激光产业链代表性企业

2. 了解激光设备安装调试员新职业

3. 了解激光安全员职责

技能目标

1. 查询联系激光产业链相关企业

2. 查询联系激光产业链相关院校

【任务描述】

通过学习项目1任务一,我们知道无论在国外还是国内,激光产业都已经形成了完整的上、中、下游产业链。了解激光产业链代表性企业和他们的主要产品,分析激光产业链企业员工的主要工作岗位和特点,了解激光产业相关的职业院校和培训机构,对开展激光安全工作而言无疑是重要的基础性工作。

项目1任务二力求通过任务引领的方式让读者掌握开展上述基础性工作的相关知识和涉及的主要技能。

【学习储备】

一、激光产业链主要代表性企业概述

（一）国内代表性企业及主营业务

1. 上游代表性企业及主要产品

国内激光产业链上游代表性企业及主要产品如表1-12所示。

表 1-12　国内激光产业链上游代表性企业及主要产品

序号	代表性企业	所在地	主营产品
1	苏州长光华芯光电技术股份有限公司	江苏苏州	激光芯片
2	武汉睿芯特种光纤有限责任公司	湖北武汉	特种光纤
3	福建福晶科技股份有限公司	福建福州	激光晶体与元器件
4	长春奥普光电技术股份有限公司	吉林长春	激光晶体与元器件
5	浙江水晶光电科技股份有限公司	浙江杭州	激光晶体与元器件
6	青岛海泰光电技术有限公司	山东青岛	激光晶体与元器件
7	成都东骏激光股份有限公司	四川成都	激光晶体与元器件
8	北京大方科技有限责任公司	北京	工业气体
9	大连大特气体有限公司	辽宁大连	工业气体
10	成都科源气体有限公司	四川成都	工业气体
11	海特光电有限责任公司	北京	半导体材料
12	浙江合波光学科技有限公司	浙江平湖	半导体材料
13	中国电子科技集团公司第四十六研究所	天津	半导体材料
14	先锋科技(香港)股份有限公司	香港	半导体材料
15	长飞光纤光缆股份有限公司	湖北武汉	激光光纤
16	锐光信通科技有限公司	湖北武汉	激光光纤
17	深圳市安众电气有限公司	广东深圳	激光电源
18	山东镭之源激光科技股份有限公司	山东济南	激光电源
19	深圳市华鹏艾伟科技有限公司	广东深圳	激光电源
20	深圳德康威尔科技有限公司	广东深圳	控制系统/软件
21	深圳市优尔数控软件有限公司	广东深圳	控制系统/软件
22	上海康赛制冷设备有限公司	上海	水冷设备
23	珠海光库科技股份有限公司	广东珠海	无/有源光学元器件
24	上海柏楚电子科技股份有限公司	上海	激光控制系统

2. 中游代表性企业及主要产品

国内激光产业链中游代表性企业及主要产品如表 1-13 所示。

表 1-13　国内激光产业链中游代表性企业及主要产品

序号	代表性企业	所在地	主营产品
1	武汉锐科光纤激光技术股份有限公司	湖北武汉	光纤激光器
2	深圳市创鑫激光股份有限公司	广东深圳	光纤激光器

序号	代表性企业	所在地	主营产品
3	深圳市杰普特光电股份有限公司	广东深圳	光纤激光器
4	深圳联品激光技术有限公司	广东深圳	光纤激光器
5	广东华快光子科技有限公司	广东中山	光纤激光器
6	福建中科光汇激光科技有限公司	福建福州	光纤激光器
7	中电晶锐（天津）激光技术有限公司	天津	光纤激光器
8	北京大威激光科技有限公司	北京	CO_2 激光器
9	大通激光（深圳）有限公司	广东深圳	CO_2 激光器
10	武汉光谷科威晶激光技术有限公司	湖北武汉	CO_2 激光器
11	北京热刺激光技术有限责任公司	北京	CO_2 激光器
12	西安炬光科技股份有限公司	陕西西安	半导体激光器
13	北京瓦科光电科技有限公司	北京	固体激光器
14	深圳瑞波光电子有限公司	广东深圳	半导体激光器
15	武汉华日精密激光股份有限公司	湖北武汉	固体激光器
16	山东华光光电子股份有限公司	山东济南	固体激光器
17	北京中科思远光电科技有限公司	北京	固体激光器

3. 下游代表性企业及主要产品

国内激光产业链下游代表性企业及主要产品如表 1-14 所示。

表 1-14 国内激光产业链下游代表性企业及主要产品

序号	代表性企业	所在地	主营业务
1	大族激光科技产业集团股份有限公司	广东深圳	激光加工装备
2	武汉华工激光工程有限责任公司	湖北武汉	激光加工装备
3	百超（深圳）激光科技有限公司	广东深圳	激光加工装备
4	江苏亚威机床股份有限公司	江苏扬州	激光加工装备
5	大恒新纪元科技股份有限公司	北京	激光加工装备
6	广东正业科技股份有限公司	广东东莞	激光加工装备
7	杭州巨星科技股份有限公司	浙江杭州	激光测量
8	武汉海达数云技术有限公司	湖北武汉	激光测量
9	海目星激光科技集团股份有限公司	广东深圳	全系列激光装备
10	深圳市联赢激光股份有限公司	广东深圳	激光焊接
11	武汉帝尔激光科技股份有限公司	湖北武汉	光伏激光开槽

序号	代表性企业	所在地	主营业务
12	深圳光韵达光电科技股份有限公司	广东深圳	激光 3D 打印
13	广东利元亨智能装备股份有限公司	广东惠州	新能源激光
14	上海禾赛光电科技有限公司	上海	激光雷达
15	北京北科天绘科技有限公司	北京	激光雷达
16	广州中海达定位技术有限公司	广东广州	激光雷达
17	武汉光迅科技股份有限公司	湖北武汉	光通信
18	苏州天孚光通信股份有限公司	江苏苏州	光通信
19	中视迪威激光显示技术有限公司	四川绵阳	激光显示
20	深圳光峰科技股份有限公司	广东深圳	激光显示
21	武汉奇致激光技术股份有限公司	湖北武汉	激光医疗装备
22	吉林省科英激光股份有限公司	吉林长春	激光医疗装备
23	湖南华曙高科技股份有限公司	湖南长沙	增材制造
24	先临三维科技股份有限公司	浙江杭州	增材制造
25	铂力特(深圳)增材制造有限公司	广东深圳	增材制造

（二）国际代表性企业及主要产品

国外激光产电链代表性企业及主要产品如表 1-15 所示。

表 1-15　国外激光产电链代表企业及主要产品

序号	代表企业	国内总部所在地	主营业务
1	Lumentum 控股公司	深圳	光学和光子产品
2	nufern 公司	上海	光纤
3	IPG 光电	北京	激光器
4	n-light 激光	上海	高功率半导体和光纤激光器
5	相干公司	北京	激光器
6	通快	江苏太仓	激光加工装备
7	Amada 株式会社	上海	金属加工机械
8	瑞士百超	上海	激光加工装备
9	Velodyne 公司	北京	激光雷达
10	ASML 公司	上海	半导体设备光刻机

二、激光设备安装调试员新职业介绍

（一）新职业产生背景

1. 激光产业呼唤新职业

在激光产业链的上、中、下游企业中,存在着大量安装调试、维护维修激光设备的部件与整机、进行客户培训的工作岗位,需要大量工艺工程师(操作者)、调试工程师(调试员)、售后支持工程师和维修工程师,上述工作岗位需要从业者掌握光学、机械、电气、控制等多方面的专业知识,具备多方面的专业技能。

根据中国光学学会激光加工专业委员会和激光加工产业技术创新战略联盟相关资料估算,激光产业链上述岗位相关从业人员总数在 100 万以上。在《中华人民共和国职业分类大典》(2015 版)中,已有的职业都不能涵盖上述工作范围,已有从业者大多从其他职业转行,需要长期培训且不能满足要求,激光产业呼唤新职业。

2. 新职业申报审批过程

广东省职业技能服务指导中心依托广东省高技能人才培养联盟专家团队,联合中国光学学会激光加工专业委员会、全国各省市激光行业协会、全国激光行业代表性龙头企业及主要院校于 2021 年 4 月 25 日向中国就业培训技术指导中心提交了"激光设备安装调试员"新职业申报书。

人力资源和社会保障部两次组织相关专家对新职业申报进行了评审,2022 年 10 月 12 日,正式公布"激光设备安装调试员"新职业并录入《中华人民共和国职业分类大典》(2022 年版),激光产业诞生新职业。

(二)新职业主要内容

1. 新职业定义与编码

根据《中华人民共和国职业分类大典》(2022 年版),"激光设备安装调试员"是指使用设备、工具和仪器,安装、调试、保养、维修工业激光设备和民用激光产品部件与整机的人员,职业编码为 6-25-04-04,如图 1-13 所示。

6-25-04-04 激光设备安装调试员
使用设备、工具和仪器,安装、调试、保养、维修工业激光设备和民用激光产品部件与整机的人员。
主要工作任务:
1. 安装、调试工业激光设备、民用激光产品的激光器和外光路系统;
2. 调试、检验工业激光设备和民用激光产品整机;
3. 进行激光加工产品打样和激光加工工艺调试;
4. 现场安装工业激光设备,进行客户培训;
5. 保养、维修激光设备和激光整机。
本职业包含但不限于下列工种:
激光头制造工 激光机装调工 激光加工设备装调工

图-13 "激光设备安装调试员"新职业功能示意图

2. 新职业主要工作任务

"激光设备安装调试员"是新增的全新职业,包含激光加工设备装调工、激光头制造工、激光机装调工三个职业工种,主要工作任务有以下5项。

(1)安装、调试工业激光设备、民用激光产品的激光器和外光路系统。

(2)调试、检验工业激光设备和民用激光产品整机。

(3)进行激光加工产品打样和激光加工工艺调试。

(4)现场安装工业激光设备,进行客户培训。

(5)保养、维修激光设备和激光整机。

3. 新职业主要工作要求

受中国就业培训技术指导中心的委托,广东省职业技能服务指导中心在已开发《广东省技工院校职业技能等级评价规范》的基础上主持开发激光设备安装调试员国家职业技能标准,2023年3月3日在广州举行了标准开发启动会。

激光设备安装调试员新职业主要包含激光设备的光路调试与检验、整机调试与检验、打样与工艺调试、设备安装与培训、故障诊断与维修等五个职业功能模块,在不同技能等级认定中体现不同职业功能模块的具体要求,初级工、中级工、高级工、技师和高级技师的技能要求依次递进,高级别要求涵盖低级别的要求。

初级工、中级工、高级工级别的职业功能以电控系统部件连接调试、光路系统调试检验、简单故障诊断维修和典型产品激光加工工艺等基本技能为主,增加了对客户培训指导。技师和高级技师级别的职业功能以设备整机安装调试及对应相关故障诊断维修和激光加工新工艺开发等基本技能为主,包含对初级工、中级工、高级工的培训指导。

4. 新职业考核权重建议

(1)理论知识权重建议表如表1-16所示。

表1-16　理论知识权重建议表

项目		技能等级				
		五级/初级工/(%)	四级/中级工/(%)	三级/高级工/(%)	二级/技师/(%)	一级/高级技师/(%)
基本要求	职业道德	5	5	5	5	5
	基础知识	25	25	25	25	25
相关知识要求	光路调试与检验	10	20	20	10	10
	整机调试与检验	20	20	20	20	20
	打样与工艺调试	20	10	10	10	10
	设备安装与培训	10	10	10	10	10
	故障诊断与维修	10	10	10	20	20
合计		100	100	100	100	100

（2）技能要求权重建议表如表 1-17 所示。

表 1-17 技能要求权重建议表

项目		技能等级				
		五级/初级工/（%）	四级/中级工/（%）	三级/高级工/（%）	二级/技师/（%）	一级/高级技师/（%）
技能要求	光路调试与检验	30	30	30	20	20
	整机调试与检验	30	20	20	30	30
	打样与工艺调试	10	20	20	20	20
	设备安装与培训	10	10	10	10	10
	故障诊断与维修	20	20	20	20	20
合计		100	100	100	100	100

5. 新职业开发配套成果汇总

（1）激光设备安装调试员新职业信息建议书。

（2）激光设备安装调试员职业技能评价规范及相关资料。

（3）激光设备安装调试员理论知识考核细目表。

（4）激光设备安装调试员中级工理论试题题库及考试样卷。

（5）激光设备安装调试员高级工理论试题题库及考试样卷。

（6）激光设备安装调试员理论试卷组卷计划。

（7）激光设备安装调试员操作技能考核内容结构表及要素细目表。

（8）激光设备安装调试员中级工、高级工操作技能考核试卷及样卷。

6. 新职业开发意义

（1）新职业开发填补了激光与增材制造战略性新兴产业集群激光领域技能人才培养和评价的空白。

（2）新职业开发打开了激光与增材制造战略性新兴产业集群职业教育、职业培训、鉴定考核、技能竞赛等活动的顶层设计空间，为激光产业人才培养赢得了更广阔的空间，增加了国内激光行业协会、行业企业、职业院校对技能人才培养与评价的认同感和紧迫感，反过来又为新职业的推广打下良好的基础。

（3）新职业可以作为光加工的基础职业推广到包括激光产业在内的整个光电制造产业，也可以作为先进制造的基础职业推广到通用设备制造业，补充现有工种的缺失，为参与人才培养和评价的队伍不断稳定增长打下良好基础。

（4）新职业为新工种的开发预留了伏笔，对激光领域设备保有量大、加工方法有特定要求的细分领域，可以持续开发特定细分的职业工种，如激光增材制造设备安装调试员、激光切割工、激光焊接工等。

三、激光安全员介绍

（一）激光安全员职责

1. 激光安全员概念

激光安全员（laser safety officer）是激光设备制造商和激光设备应用企业内部熟知激光危害评估与控制，并负责监督激光危害控制的人员。

从逻辑上讲，激光设备应用企业内的激光安全员既是本企业的员工，也是行使代表制造商的职责，管理日常的激光安全事务的代表。

激光设备制造商有责任确保被指定的激光设备应用企业激光安全员有充分的权限和执行能力去圆满地履行其职责并对激光安全员进行相应的培训。

2. 激光安全员职责

根据《激光产品的安全 第14部分：用户指南》（GB/T 7247.14—2012），激光安全员主要有以下职责。

（1）知道所有具有潜在危害性的激光产品（包括鉴定书、说明书、激光产品的分类和用途）、激光产品的位置、与激光产品使用相关的任何特殊要求和限制信息。如有可能，保留其记录。

（2）负责监管确保激光器安全使用的组织机构规程被遵守，保留适当的书面记录，在任何违反规程和明显不符合安全规程的情况下，立即制止和采取适当行动。

激光设备制造商和激光设备应用企业应该根据上述国家标准对激光安全员职责进行细化，如图1-14所示。同时，激光安全员应参加培训并考核合格。

图1-14　激光安全员工作职责示意图

3. 激光安全员资质要求

激光安全员应掌握以下基本知识和技能，主要包括：① 激光产生的基本原理及光束特性；② 激光辐射损伤机理；③ 激光辐射对眼睛和皮肤的损伤；④ 激光产品的安全分类；⑤ 激光辐射危害参数的计算（或确保获得有效数据）；⑥ 激光产品的安全防护；⑦ 非光辐射危害；

⑧ 激光安全事故应急处置；⑨ 国内国际标准化组织；⑩ 熟悉国家标准 7247 系列标准、IEC 60825 系列标准和 ANSI Z136 系列标准。

完成本书全部项目的知识学习和技能训练，可以为成为合格的激光安全员打下坚实的基础。

（二）企业激光安全管理机构设置概述

1. 激光安全委员会功能

激光安全委员会是企业从组织发展战略出发，监督、保障激光安全的管理和规范的组织，基本职责是激光安全管理、人员管理、认证、培训，以及负责其他影响激光安全的事务。

2. 激光安全委员会成员

① 行政管理核心成员；② 安全专员；③ 激光安全员；④ 设备调试工程师；⑤ 售后服务工程师和相关人员。

3. 激光安全委员会职责

（1）建立制定激光安全策略和指导方针，宜将激光安全作为优先事项。

（2）审查内部控制制度或程序，确保其符合适用法律法规。

（3）审查激光安全事务，明确责任与权力。

（4）检查激光安全运行程序的实施。

（5）考虑建立纠错制度。

（6）为激光安全员提供支持。

（7）应急事件处理。

（8）审查和维护激光安全相关文件。

（9）制定教育和培训计划。

不管是已授权为正式的激光安全员，还是仅作为拥有激光安全员权限者，都应该有终止不安全行为和采取纠正措施的权限并在职责文件做出明确规定。激光安全员可以由企业的安全检查员兼任，一般不需要全职任命。

在大量使用激光产品的工厂或机构，允许指定合适的员工担当现场或者部门的激光安全代表协助激光安全员工作，并代表激光设备制造商确保激光器安全使用。这些人员之间应该保持定期联络，以确保激光安全管理的一致性和有效性。

四、国内国际激光产业链院校和培训机构

（一）国内院校和培训机构

1. 国内院校简介

1）深圳技师学院

2000 年，深圳技师学院在全国职业院校中最早开办光电子技术应用专业，该专业以激光技术应用为专业背景，以工业激光设备的制造、使用、维修与服务为主要专业方向，培养工业激光技术应用领域的高技能人才，主要涉及激光产业链中的中、下游产业。2014 年，光电子技术应用专业正式更名为激光技术应用（智能光电技术应用）专业，主干课程有产品激光切

割、产品激光打标、产品激光焊接、激光增材制造、激光微纳加工、激光设备光路系统装调、激光设备电控系统装调、激光设备整机装调和激光设备维修与客户服务等课程。

该专业教师开发的国内第一套以激光产业职业活动为导向、以典型工作任务为主要内容的光电技术应用技能训练系列教材由华中科技大学出版社出版,在国内各职业院校和龙头企业得到普遍使用,广受好评。

2)浙江工贸职业技术学院

浙江工贸职业技术学院为浙江省教育厅属公办全日制高等院校,坐落于浙江省温州市,智能光电制造技术(曾用名:光电制造与应用技术)专业是国家"双高计划"高水平专业群的核心专业,以工业激光设备的制造、使用、维修与服务为主要专业方向,主干课程有工程图学及 CAD、工程光学、激光原理与技术、工程材料基础、激光设备控制技术、激光加工技术、激光加工应用综合实训、机械精度设计与测量技术和激光 3D 打印技术等课程,建设有可持续更新的国家级光机电应用技术教学资源库并得到广泛使用,获得多项荣誉。

3)华中科技大学

华中科技大学是教育部直属重点综合性大学,是国内最早从事激光专业教学和科研的高等院校,建有激光加工国家工程研究中心和激光技术系,孵化出华工激光等一大批激光行业上市公司,是国内公认的产教研合作的先行者,声名远扬,堪称典范。光电信息科学与工程专业是激光产业链的主要专业,主干课程有电路理论、单片机原理及应用、电动力学、量子力学、热力学与统计物理、应用光学、激光原理与技术、光纤光学、光电探测与信号处理及工程训练等。

2. 国内培训机构简介

国内从事激光领域安全、激光加工短期培训的专业培训机构主要有中国光学学会激光加工专业委员会、激光加工产业技术创新战略联盟、全国职业教育光电技术专业联盟、广东省激光行业协会、中国光谷激光行业协会/湖北省激光学会、温州市激光行业协会、中国激光产业社团联盟等。另外,国内还有部分公司专门从事激光产业链教育培训工作,对接教育部激光加工 1+X 证书。

（二）国际院校和培训机构

1. 国际院校和培训机构概况

国外在激光领域尚未开设专门学科或专业,德国、美国(欧洲)和日本等国家对激光设备工程师和操作者进行以激光企业内训为主的安全培训制度,总体来看尚未形成社会化职业培训或认证机制。

2. 德国通快(TRUMPF)公司培训对象和内容

德国通快公司的培训对象是具有一定光机电基础的机电工程师或激光设备操作者,主要培训内容有:① 激光原理;② 激光安全规范与实施;③ 激光器主要参数设置与测量;④ 激光器安全开关机;⑤ 激光器件维护与保养;⑥ 激光器故障判断与排除;⑦ 激光设备服务流程等。

3. 美国(欧洲)激光安全员职责

美国(欧洲)从资深激光设备工程师中选拔优秀人员担任激光安全员,他们的主要职责如下。

(1) 作为激光安全事宜的中心人物,负责制定和执行激光安全方案。

(2) 负责安全管理,研究和执行安全防护规定,控制激光危害。

(3) 审查激光器的安装或改装计划。

(4) 批准激光设备应用工作场所及人员操作权限。

(5) 颁发激光器操作证书。激光器操作者要持有操作合格证书。操作合格证书的颁发要严格遵循单位内部程序或政府条例。激光器操作者必须受过激光安全培训和经过眼睛检查后,激光安全员才发给激光操作者操作合格证书。

(6) 批准防护用品的使用。在需要使用个人防护用品的场所,这类用品(如防护手套、防护服和防护眼镜等)在得到激光安全员的批准后方可使用。

(7) 保证警告标志的设置。激光安全员必须保证根据激光安全标准的要求,在适当的地点设置和安装醒目的警告系统或警告牌。

(8) 激光安全员应保存使用 2 类以上激光器操作者记录,包括医学检查记录、激光事故的记录等。

(9) 激光安全员应保存所有的激光设备及控制系统的清单及必要的记录,包括激光车间的所有激光器的年度清单以及任何已注册的激光器的转让、接收和处理。

(10) 视察激光设备区,激光安全员有权视察一切有激光设备的区域,并履行激光安全员的职责。

(11) 管理可疑的或实际的激光事故。在发生可疑的或实际的激光事故后,安全员必须进行调查并采取必要的措施,允许医生查阅有关事故的资料。

(12) 激光安全员可选派助理激光安全员代理监督激光加工作业安全问题。

4. 印度宝石协会激光切割机操作者培训对象和内容

印度宝石协会激光切割机操作者的培训对象是年龄在 14 岁以上、四肢健全的员工,技能水平从 5 级逐步上升到 1 级,类似我国的技能等级证书制度。主要培训内容有:① 激光安全;② 激光简单分切工艺;③ 激光成型切割工艺;④ 激光设备保养;⑤ 激光设备维修等。

【任务实施】

(1) 制订项目 1 任务二工作计划,填写项目 1 任务二工作计划表(见表 1-18)。

表 1-18　项目 1 任务二工作计划表

1. 任务名称			
2. 搜集整理项目 1 任务二课外书、网站、公众号	(1)	课外书	
	(2)	网　站	
	(3)	公众号	

3. 搜集总结项目1任务二主要知识点信息	(1)	知识点	
		概　述	
	(2)	知识点	
		概　述	
	(3)	知识点	
		概　述	
	(4)	知识点	
		概　述	
	(5)	知识点	
		概　述	
4. 搜集总结项目1任务二主要技能点信息	(1)	技能点	
		概　述	
	(2)	技能点	
		概　述	
	(3)	技能点	
		概　述	
5. 工作计划遇到的问题及解决方案			

（2）完成项目1任务二实施过程，填写项目1任务二工作记录表（见表1-19）。

表 1-19　项目1任务二工作记录表

工作任务		工作流程	工作记录
1.	(1)		
	(2)		
	(3)		
	(4)		
2.	(1)		
	(2)		
	(3)		
	(4)		
3.	(1)		
	(2)		
	(3)		
	(4)		
4. 实施过程遇到的问题及解决方案			

【任务考核】

（1）培训对象完成项目 1 任务二以下知识练习考核题。

① 根据《中华人民共和国职业分类大典》（2022 年版），写出《激光设备安装调试员》的职业定义、编码和主要工作任务，填写表 1-20。

表 1-20　激光设备安装调试员新职业信息

职业定义及编码	
主要工作任务	（1）
	（2）
	（3）
	（4）
	（5）

② 根据《广东省技工院校职业技能等级评价规范》，写出激光设备安装调试员职业工种五个职业功能模块的名称，填写表 1-21。如果读者觉得有新的功能模块建议，请在表格中补充相关信息。

表 1-21　职业功能模块信息

序号	职业功能模块名称	功能模块所在企业的部门（岗位）名称
1		
2		
3		
4		
5		
1（补充）		

③ 根据《激光产品的安全 第 14 部分：用户指南》（GB/T 7247.14—2012），写出本企业激光安全委员会成员构成和其主要工作职责，填写表 1-22。

表 1-22　企业激光安全委员会成员及工作职责

序号	成员姓名及职务	主要工作职责
1		
2		
3		
4		
5		

（2）培训对象完成项目 1 任务二以下技能训练考核题。

① 利用课内外教材、网站、公众号等资源,查找本地区激光产业链上、中、下游主要代表性企业(至少各 1 家)及主要产品,填写表 1-23。

表 1-23　本地区激光产业链代表性企业及主要产品

上游 企业	企业名称及联系方式	
	主要产品类型说明	
中游 企业	企业名称及联系方式	
	主要产品类型说明	
下游 企业	企业名称及联系方式	
	主要产品类型说明	

② 你所在的企业要对员工进行与激光相关课程的学习、技能培训和学历提升,利用课内外教材、网站、公众号等资源,查找合适的院校及专业名称,填写表 1-24。

表 1-24　激光产业链培训院校及专业

院校及专业名称	
联系方式	
主要课程	

（3）培训教师和培训对象共同完成项目 1 任务二考核评价,填写考核评价表(见表 1-25)。

表 1-25　项目 1 任务二考核评价表

评价项目	评价内容	权重	得分	综合得分
专业知识	知识练习考核题完成情况	40%		
专业技能	技能训练考核题完成情况	40%		
综合能力	培训过程总体表现情况	20%		

2

识别激光装置和可能危险

【项目导入】

在完成本书项目1所有工作任务后,我们认识了激光行业和激光企业,为开展激光安全工作打下了良好基础。值得注意的是,在激光应用的不同领域,在不同类型的激光企业里,各类激光设备和装置种类繁多,数不胜数,我们必须总结出这些设备和装置在结构与原理上的相同点、不同点,才能为判断识别激光设备和装置的可能危险打下良好基础。

上述工作就是本书项目2的工作任务,它包含以下2个任务:

任务一:识别激光装置和主要系统;

任务二:识别激光装置的危险分类。

通过完成项目2上述2个工作任务,本书读者将初步掌握激光装置主要系统的组成知识和可能产生的危险知识,初步掌握识别激光器与各类激光装置及其危险的基础技能,为预防激光设备和装置可能产生的危险打下良好基础。

任务一　识别激光装置和主要系统

【学习目标】

知识目标

1. 掌握激光原理与激光器组成知识

2. 掌握激光装置系统组成知识

技能目标

1. 正确识别各类激光器

2. 正确识别激光加工机主要系统

【任务描述】

我们总是通过某个具体应用装置来接触和了解激光的,如激光雷达、激光武器(远程击毁导弹)、激光光纤通信、激光打标、激光焊接、激光切割、激光绣花、生命科学研究、激光诊断、激光治疗、激光秀、激光电视,甚至还可以利用激光消灭蚊子等,如图 2-1 所示。

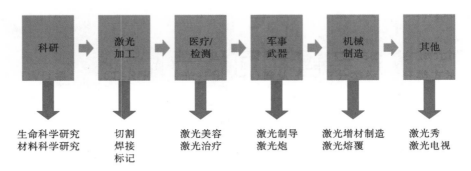

图 2-1 激光具体应用案例示意图

在上述这些应用中,激光器是所有这些激光装置中不可或缺的核心器件,同时激光装置还必须有其他辅助器件配合使用才能达到最好效果,所以,识别激光器与激光装置成为识别激光装置的可能危险的首要工作任务。

项目 2 任务一力求通过任务引领的方式让读者掌握识别激光器与激光装置时涉及的必要知识和主要技能。

【学习储备】

一、激光原理与激光器识别知识

(一)激光原理知识

1. 物质为什么会发光

物质是由原子(或分子)组成的,同一类原子(或分子)在不同的状态下具有不同的能量等级(简称能级),处于基态时它们最稳定,吸收了外界能量会导致能级上升为较高能级,物质发光的本质是组成物质的原子(或分子)会自发地向低能级跃迁,以光子形式放出能量,如图 2-2 所示。

如图 2-2 所示的物质,左边表示原子以某种方式吸收能量(深蓝色)后受到激发进入最高能级状态,右边表示自发地向不同低能级跃迁,自发地发出不同波长(颜色)的各类光线(红色、绿色和浅蓝色)。

2. 激光是什么

如果我们能使某种物质的所有高能级原子(或分子)在同一时间向某一确定的低能级进行跃迁,这时以光子形式放出的能量将在频率、方向和相位等参数上高度一致的光,被称为

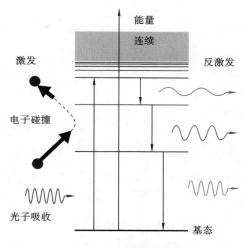

图 2-2　物质发光示意图

相干光。

　　激光就是一束人为制造的相干光,它来自光子的受激辐射的光放大效应是取自英文 light amplification by stimulated emission of radiation 的各单词首字母组成的缩写词,是它的英文名称 laser 的音译,在香港、台湾等地常用的中文名称为镭射。1964 年,科学家钱学森建议将英文缩写 laser 正式翻译为激光,受到人们的普遍认同。

3. 激光产生条件

　　如图 2-3 所示,激光器是能够持续不间断地产生激光的装置,它的正常运转必须具备以下三个条件。

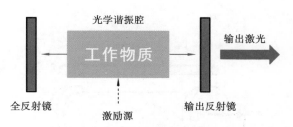

图 2-3　激光产生条件示意图

　　第一,具有能够产生光放大作用的增益介质,称为激光工作物质;第二,具有能够将低能级的粒子抽运到高能级,产生粒子数反转的激励源;第三,具有增加增益介质工作长度、控制光束传播方向和提高输出激光单色性的光学谐振腔。

（二）激光器组成与识别知识

1. 激光器的分类

　　按照增益介质的不同,激光器主要可以分为液体激光器、气体激光器、半导体激光器、固体激光器和光纤激光器等几个大类,如表 2-1 所示。

表 2-1　激光器分类表

激光器	增益介质	泵浦方法	振荡波长	震荡运转
液体激光器	染料	光	紫外光-红外光	连续、脉冲
气体激光器	氦、氖	放电	可见光-红外光	连续
	惰性气体离子氩镉		紫外光-可见光	连续
	准分子		紫外光	脉冲
	CO_2		远红外光	连续、脉冲
	化学	化学反应	红外光	连续
半导体激光器	化合物半导体	电流	紫外光-红外光	连续、脉冲
固体激光器	钕:钇铝石榴石	红外光	红外光	连续、脉冲
	镱:钇铝石榴石	红外光		
	钛蓝宝石	紫外光-红外光	紫外光-红外光	
	红宝石	红外光		
光纤激光器	铒、镱、铥	光	红外光	连续、脉冲

　　上述激光器按工作波段分类又可分为远红外激光器、红外激光器、可见光激光器、紫外激光器、真空紫外激光器和 X 光激光器；按运转方式分类又可分为连续激光器、脉冲激光器和超短脉冲激光器；按化学组成分类又可分为分子激光器、原子激光器、自由电子激光器和准分子激光器等。

2. 固体激光器结构特点

　　固体激光器是用固体增益介质作为工作物质、以各类光源为激励源的激光器。常用的脉冲激励源有脉冲氙灯，连续激励源有连续氪灯、碘钨灯、钾铷灯等，还可用半导体发光二极管、激光或太阳光作激励源，如图 2-4 所示。

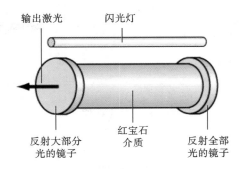

图 2-4　固体激光器示意图

　　常见的固体激光器有 YAG 激光器、红宝石激光器、钕玻璃激光器等，其中应用最广的是 YAG 激光器。

　　固体激光器采用 Q 开关技术可以得到纳秒级的短脉冲，采用锁模技术可得到皮秒级甚至飞秒级的超短脉冲。固体激光器一般输出多模光斑，在一定条件下也可以输出基横模和单纵模激光。固体激光器电-光能量转换效率不高,一般为千分之几到百分之几。

固体激光器用常用于测距、跟踪、制导、打孔、切割和焊接、半导体材料退火、电子器件微加工、大气检测、光谱研究、外科和眼科手术、等离子体诊断、脉冲全息照相及激光核聚变等,还可以作为可调谐染料激光器的激励源。

3. 气体激光器结构特点

气体激光器是用气体增益介质作为工作物质、以各类连续电源和脉冲电源为激励源的激光器,如图 2-5 所示。

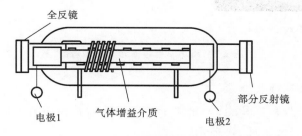

图 2-5 气体激光器示意图

常用气体激光器有 He-Ne 激光器、Ar 离子激光器、CO_2 激光器、N_2 分子激光器、准分子激光器等,其中 CO_2 激光器既能连续输出又能脉冲输出,具有电光效率高、输出功率大、光束质量好等优点,是用途最广的气体激光器。

4. 半导体激光器结构特点

半导体激光器是以半导体增益介质作为工作物质、以各类连续电源和脉冲电源为激励源的激光器,图 2-6 所示的为碟片式半导体激光器示意图。

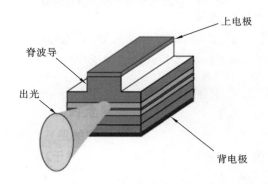

图 2-6 碟片式半导体激光器示意图

半导体激光器可以输出 635 nm 红光、532 nm 绿光和 405 nm 蓝光,单个半导体激光器输出功率比较小,主要应用于光纤通信、光传感、光盘、激光打印、条形码和集成光学电子信息领域。

采用光纤捆绑合束、拉锥合束和空间合束等方式可以将单个半导体激光器光束进行合束处理以提高激光器的输出功率,也可以通过阵列方式增大半导体激光器的出光面积来提高输出功率,如图 2-7(a)和图 2-7(b)所示。

（a）8支单管光束整形　　　　　　　　　　（b）半导体阵列

图 2-7　高功率半导体激光器示意图

5．光纤激光器结构特点

光纤激光器是以过渡（或稀土）元素离子掺杂光纤增益介质为工作物质、以激光二极管（LD）为激励源的激光器，如图 2-8 所示。

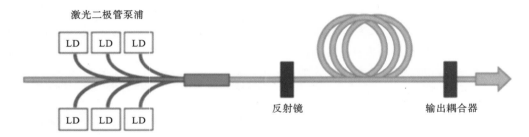

图 2-8　光纤激光器工作原理示意图

高功率光纤激光器在军事（光电对抗、激光探测、激光通信等）、激光加工（激光打标、激光机器人、激光微加工等）和激光医疗等领域得到广泛应用。

二、激光设备和装置系统组成知识

（一）激光加工机组成知识

1．机器系统组成知识

1）机器（整机）组成知识

根据《机械安全　激光加工机　第 1 部分：通用安全要求》（GB/T 18490.1—2017）定义，机器（machine）由若干个零、部件组合而成，其中至少有一个零件是可运动的，并且有适当的制动机构（执行机构）、控制和动力系统等。它们的组合具有一定的应用目的，如物料的加工、处理、搬运或包装等。

2）功能系统

功能系统（system）是按功能分类的同类部件组合，由若干要素（部分）组成。这些要素可能是一些个体、元件、零件,也可能其本身就是一个系统(或称之为子系统),如运算器、控制器、存储器、输入/输出设备组成了控制系统的硬件,而硬件又是控制系统的一个子系统。

3)部件

部件(assembly unit)是实现某个动作(功能)的零件组合。部件可以是一个零件,也可以是多个零件的组合体。在这个组合体中,有一个零件是主要的,它实现既定的动作(功能),其他的零件只起到连接、紧固、导向等辅助作用。

4)零件

零件(machine part)是组成机器的不可分拆的单个制件,其制造过程一般不需要装配工序。零件是机器制造过程中的基本单元。

除机架以外的所有零件和部件,统称为零部件,机架称为构件。在电子电路、光学、钟表工业中,某些零件(如电阻、电容、反射镜、聚焦镜、游丝、发条等)称为元件。某些部件(如三极管、二极管、可控硅、扩束镜等)称为器件。元件和器件合起来称为元器件。

激光加工机是新一代的光加工设备,集激光器、光学元件、计算机控制系统和精密机械部件于一体,零部件、元器件和构件等称呼同时存在。

图 2-9 所示的为激光打标机整机外观示意图,读者可以自行分析其包含哪些功能系统,具有哪些零部件和元器件。

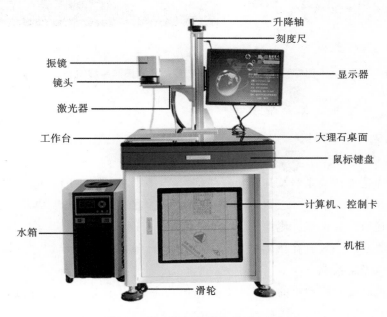

图 2-9　激光打标机整机外观示意图

2. 激光加工机组成知识

1)激光加工机定义

根据《机械安全 激光加工机 第 1 部分:通用安全要求》(GB/T 18490.1—2017)定义,激光加工机是包含一台或多台激光器,能提供足够的能量(功率),至少使工件的某一部分熔化、气化，或者引起相变的机器，并在功能和安全性上符合过程化使用。

包含照相平版印刷术（photo lithography）、立体光刻照相术（stereo lithography）、全息术（holography）、医学应用（medical applications）和数据存储（data storage）在内的激光产品或者包含上述激光产品的设备不属于激光加工机的范畴，但在激光安全要求上具有类似性。

2）激光加工机功能系统组成

图 2-10（a）和图 2-10（b）所示的为某台激光切割机示意图和实物图。从设备构成的定义来看，一台功能完整的激光加工机由激光器系统、激光导光及聚焦系统、运动系统、冷却与辅助系统、控制系统、传感与检测系统六大功能系统组成，其核心为激光器系统，实际设备不一定全部具备以上六个系统。

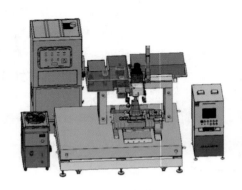

（a）示意图　　　　　　　　　　　　（b）实物图

图 2-10　激光切割机系统组成示意图和实物图

（二）激光加工机功能系统识别知识

1. 激光器系统识别知识

1）激光器系统组成

激光器系统是包括激光器及其配套器件（激光电源、控制器等）的总称，图 2-11 所示的为白俄罗斯 Solar Laser System 公司出产的低重频固体激光器系统组成示意图，除激光器 LQ 115 以外，还有配套的激光电源 LPS 50 和相应的控制器等。

由于激光器系统一般放在机器的内部且大多数已经无须用户调试，所以激光器系统又称为激光机的内光路系统。

激光加工机对激光器系统的要求主要是输出功率高、光束质量好，同时还要兼顾光电转换效率高、激光器尺寸小。

2）激光器系统识别

识别激光器系统主要特性可以首先识读激光器的铭牌参数中的型号规格参数，再根据型号规格参数识读激光器说明书中的激光器主要特性指标。

图 2-12（a）、图 2-12（b）所示的分别为武汉某公司生产的某型号激光器的铭牌和与之对应的激光器主要特性指标示意图。我们可以看出，该激光器既可以在连续状态，也可以在脉

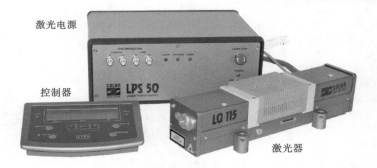

激光电源
控制器
激光器

图 2-11　低重频固体激光器系统组成示意图

（a）铭牌

工作模式	连续/脉冲
偏振方向	随机
最大平均功率/W	150（脉冲模式） 250（连续模式）
最大峰值功率/W	1500
重复频率/Hz	0～5000
脉冲宽度/ms	0.05～50
最大脉冲能量/J	15
波长/nm	1080±5

（b）特征性指标示意图

图 2-12　激光器系统识别案例

冲状态下工作，具有较广的材料加工适用性。

2. 激光导光及聚焦系统识别知识

1）导光及聚焦系统组成

激光加工机的导光及聚焦系统主要由反射镜、扩束镜、聚焦镜、物镜和保护镜等不同类型的光学元器件组成，主要有振镜式和 X-Y 工作台式两个大类。

由于激光加工机的导光及聚焦系统一般放在机器的外部且大多数需要用户进行调试，所以导光及聚焦系统又称为激光机的外光路系统，无论激光设备功能如何不同，外光路的主要器件大同小异。

2）振镜式导光及聚焦系统识别

图 2-13 所示的为光纤传导振镜式激光机导光及聚焦系统主要器件示意图，主要包括入射光纤、耦合镜、扩束镜、X-Y 振镜、场镜和保护镜等光学器件。

振镜式导光及聚焦系统按聚焦镜的位置不同有前聚焦和后聚焦两种方式。后聚焦方式中，聚焦镜是光路系统的最后一个器件，激光聚焦后光斑直径较细，方便聚焦镜更换但加工范围比较小，对加工精度有一定要求的大多数激光加工机外光路系统基本上都采用后聚焦方式，如图 2-14 所示。前聚焦方式中，聚焦镜安装在振镜系统之前，聚焦后的光斑直径较粗但加工范围较大，如图 2-15 所示。

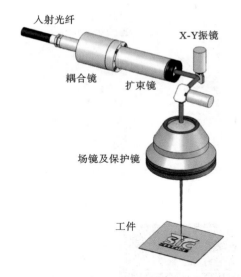

图 2-13　振镜式导光及聚焦系统主要器件示意图

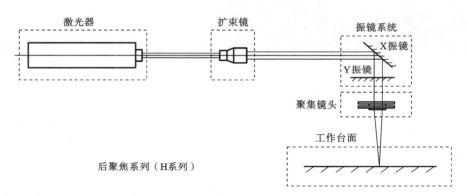

后聚焦系列（H系列）

图 2-14　振镜式后聚焦导光及聚焦系统示意图

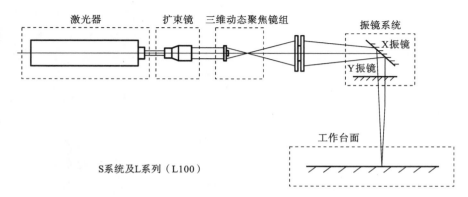

S系统及L系列（L100）

图 2-15　振镜式前聚焦导光及聚焦系统示意图

前聚焦方式一般选用由一个固定聚焦镜和一个动态聚焦镜组成的动态聚焦镜组件，通过改变动态聚焦镜的位置可以实现小光斑、大幅面激光加工，振镜式大幅面激光加工机的外光路系统基本上都是采用这种前聚焦方式，如图 2-16 所示。

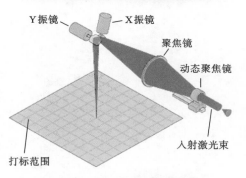

图 2-16　动态聚焦组件示意图

3）X-Y 工作台式导光及聚焦系统识别

图 2-17 所示为 X-Y 工作台式导光及聚焦系统示意图，主要包括第 1 反射镜、第 2 反射镜、第 3 反射镜和聚焦镜等光学器件。

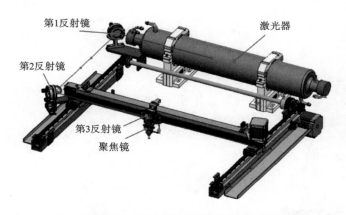

图 2-17　X-Y 工作台式导光及聚焦系统示意图

从直观上我们可以看出，X-Y 工作台式导光及聚焦系统比振镜式导光及聚焦系统具有更大的工件加工范围，是大幅面激光加工的主要方式之一。

激光束耦合进入光纤后进行准直、聚焦的，称为软光路传输，激光束直接通过光学器件进行准直、聚焦的，称为硬光路传输，软光路传输可以更为方便地进行时间和能量分光、为多光束同时加工等提供了更多选择，具有更广阔应用场景。

3. 运动系统识别知识

1）运动系统组成

运动系统产生工件与激光束的相对运动，形成平面或立体连续的加工图案。一般而言，被加工工件使用各类夹具固定在机床工作台上，通过工作台或各类激光头的组合使用，形成了从两轴到五轴、一维到三维的运动轨迹。

2）运动系统识别

运动系统有以下常见的几种组合方式，如图 2-18 所示。

单轴运动是 x 轴或 y 轴运动，可实现一维直线加工。两轴运动是 x 和 y 轴运动，可实现二维平面加工。三轴运动是 x、y 和 z 轴运动，可实现三维平面加工。四轴运动是 x、y、z 和在 xy 平面做 360°旋转的 C 轴运动，可实现三维曲线加工。五轴运动是 x、y、z、C 和在 yz 平面做不小于 270°旋转的 A 轴运动，可实现三维曲面加工。五轴以上的复杂运动可以通过机

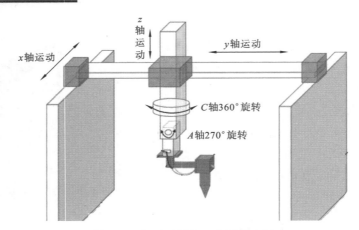

图 2-18　运动系统组合方式示意图

器人来实现。

3）五轴激光加工头识别

图 2-19 所示的为五轴激光加工头示意图，它除了能够实现 x、y、z、C 和 A 轴运动的五轴运动外，还具有 W 轴的焦点随动功能，实现完全的激光三维曲面加工。

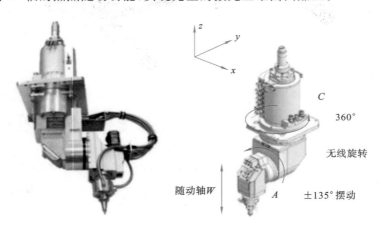

图 2-19　五轴激光加工头示意图

4. 冷却与辅助系统识别知识

冷却与辅助系统包括冷却装置、供气装置和除尘与净化装置等。

1）冷却装置识别

激光机常见冷却装置主要有冷水机和冷却风扇两种，特殊情况下还可能用到干冰及其他冷却介质，如图 2-20 所示。

2）供气装置识别

激光机常见供气装置主要有集中供气和单独供气两种方式，如图 2-21 所示。

3）除尘与净化装置识别

激光机常见的除尘与净化装置主要有烟雾净化机，在对空气质量要求较高的场合可以

（a）冷水机示意图

（b）冷却风扇示意图

图 2-20 激光机常见冷却装置

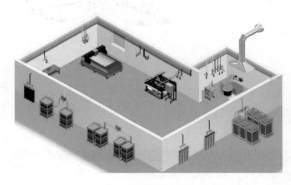

（a）集中供气方式

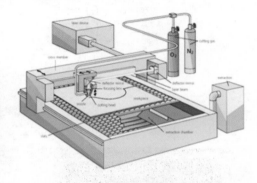

（b）单独供气方式

图 2-21 激光机供气方式示意图

采用洁净间,如图 2-22 所示。

5. 控制系统识别知识

1）控制系统功能

控制系统的主要功能是输入加工工艺参数并对参数进行实时显示、控制,还要进行加工过程之中各器件之间动作的互锁、保护及报警等。

根据激光器的类型和加工方式的不同,不同激光加工机的工艺参数各不相同,甚至有很大的区别,主要有激光功率、焦点位置、加工速度、气体压力等。

2）控制系统识别

控制系统加工工艺参数输入主要有两种方式,通过控制面板上的按钮可以输入较为简单的参数,如图 2-23（a）所示。通过专用软件可以输入较为复杂的加工工艺参数,如图 2-23（b）所示,详见设备软件说明书。

6. 传感与检测系统识别知识

1）传感与检测系统功能

传感与检测系统的主要功能是监控并显示激光功率、光斑模式及工件表面温度等参数,

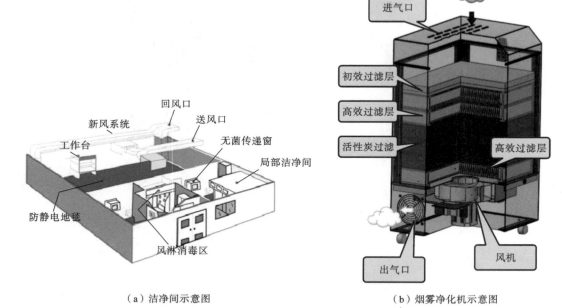

（a）洁净间示意图　　　　　　　　　　（b）烟雾净化机示意图

图 2-22　激光机常见除尘与净化装置示意图

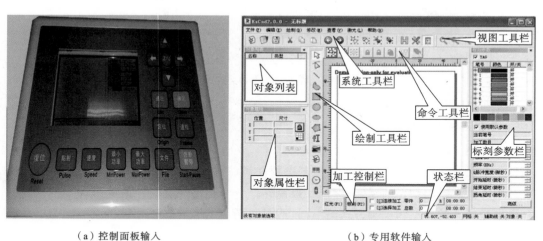

（a）控制面板输入　　　　　　　　　　（b）专用软件输入

图 2-23　加工工艺参数输入方式示意图

主要通过各类光电二极管、电荷传感器、CCD、声压传感器、超声波传感器及噪声学传感器等检测激光加工过程中的等离子体和熔池变化产生的光信号、电信号和声学信号变化来判断加工质量。

2）传感与检测系统识别

传感与检测系统有许多种类，图 2-24 所示的为某台激光焊接机功率（能量）负反馈传感与检测系统示意图,功率采样传感器在 YAG 激光器的输出镜端进行激光输出功率(能量)信号采样,将该信号实时反馈到激光电源的功率(能量)控制端,与功率(能量)理论设定值进行比较,形成闭环控制系统,以达到准确控制激光能量(功率)输出的目的。

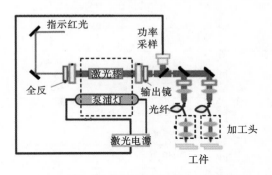

图 2-24 功率负反馈传感与检测系统示意图

图 2-25 所示的为某台激光打标机 CCD 视觉定位传感与检测系统示意图,该系统由 CCD 相机、摄像镜头、光源、图像捕获卡、图像处理软件、通信、I/O 控制模块等组成,CCD 相机把需要被检测的物体转换成图像信号输出到图像捕获卡,通过工控机上的图像处理软件将其转化为数字信号并与专业打标软件进行通信,最终完成 CCD 视觉定位激光打标过程。

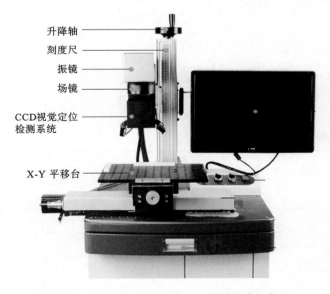

图 2-25 CCD 视觉定位传感与检测系统示意图

【任务实施】

(1) 制订项目 2 任务一工作计划,填写项目 2 任务一工作计划表(见表 2-2)。

表 2-2 项目 2 任务一工作计划表

1. 任务名称			
2. 搜集整理项目 2 任务一课外书、网站、公众号	(1)	课外书	
	(2)	网 站	
	(3)	公众号	
3. 搜集总结项目 2 任务一主要知识点信息	(1)	知识点	
		概 述	
	(2)	知识点	
		概 述	
	(3)	知识点	
		概 述	
	(4)	知识点	
		概 述	
	(5)	知识点	
		概 述	
4. 搜集总结项目 2 任务一主要技能点信息	(1)	技能点	
		概 述	
	(2)	技能点	
		概 述	
	(3)	技能点	
		概 述	
5. 工作计划遇到的问题及解决方案			

（2）完成项目 2 任务一实施过程，填写项目 2 任务一工作记录表（见表 2-3）。

表 2-3 项目 2 任务一工作记录表

工作任务	工作流程		工作记录
1.	(1)		
	(2)		
	(3)		
	(4)		
2.	(1)		
	(2)		
	(3)		
	(4)		

工作任务	工作流程	工作记录
3.	(1)	
	(2)	
	(3)	
	(4)	
4. 实施过程遇到的问题及解决方案		

【任务考核】

（1）培训对象完成项目 2 任务一以下知识练习考核题。

① 按照系统功能分类，写出一台功能完整的激光加工设备系统名称，搜集整理该系统典型元器件和主要功能知识，填写表 2-4。

表 2-4　激光加工设备系统及元器件信息

序号	系统名称	典型元器件（零部件）及主要功能
1		
2		
3		
4		
5		
6		

② 图 2-26 所示的为一台高功率声光调 Q 激光加工设备结构示意图，请按激光加工设备系统分类方法完成填写该设备的系统及元器件分类表（见表 2-5）。

表 2-5　高功率声光调 Q 激光加工设备系统及元器件

序号	系统名称	典型元器件（零部件）
1		
2		
3		
4		
5		
6		

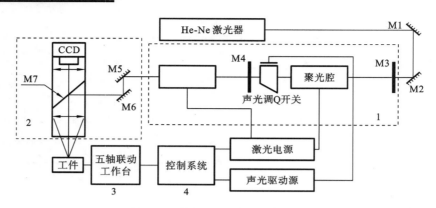

图 2-26　激光加工设备组成示意图

③ 请向客户推荐五轴运动激光加工设备,同时为客户画出该设备的五轴运动激光加工设备组成示意图并写出设备各轴的主要功能,填写表 2-6。

表 2-6　五轴运动激光加工设备各轴主要功能

序号	轴号	各轴主要功能
1		
2		
3		
4		
5		
推荐设备名称		

(2)培训对象完成项目 2 任务一以下技能训练考核题。

利用课内外教材、网站、公众号等资源,按照系统功能分类,搜集本企业或外企业激光加工设备各系统名称、系统典型元器件和功能知识,对同一台设备,写出企业自行系统分类和标准系统功能分类两种方法有什么相同点和不同点,并填写表 2-7。

表 2-7　五轴运动激光加工设备企业及各轴主要功能

企业名称及设备型号			
序号	系统名称	典型元器件(零部件)	主要功能
1			
2			
3			
4			
5			
6			

a. 相同点

b. 不同点

（3）培训教师和培训对象共同完成项目 2 任务一考核评价，填写考核评价表（见表 2-8）。

表 2-8　项目 2 任务一考核评价表

评价项目	评价内容	权重	得分	综合得分
专业知识	知识练习考核题完成情况	40%		
专业技能	技能训练考核题完成情况	40%		
综合能力	培训过程总体表现情况	20%		

任务二　识别激光装置的危险分类

【学习目标】

知识目标

1. 掌握单台激光装置组成与识别知识

2. 掌握成套激光装置组成与识别知识

3. 了解激光加工装置危险分类知识

技能目标

1. 识别各类单台激光装置及主要器件

2. 识别各类成套激光装置及主要器件

【任务描述】

通过项目 2 任务一的知识学习和技能训练，我们初步掌握了识别激光器和激光加工机主要功能系统涉及的必要知识和主要技能。

根据装置功能的复杂程度,我们把工业生产中实际使用的激光装置分为单台激光装置和成套激光装置两个大类,项目2任务二力求通过任务引领的方式掌握上述两类激光装置的具体设备类型,在国家标准中它们可能产生的主要危险类型及其初步判断识别技能,为防护各类激光装置的具体危险打下良好基础。

【学习储备】

一、单台激光装置组成与识别知识

(一)激光焊接机识别知识

1. 激光焊接机概述

激光焊接机基本结构示意图如图2-27所示,它可分为热传导焊接和深熔焊接两个大类,前者可以进行薄壁精密零件焊接,后者可以实现厚大零件的焊接,焊接方式有点焊、对接焊、叠焊、密封焊等不同形式。

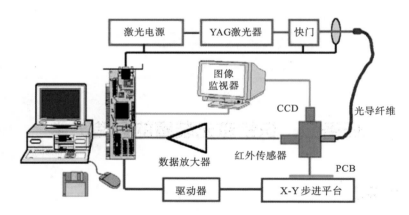

图 2-27　激光焊接机基本结构示意图

2. 激光焊接机系统识别

表2-9总结了激光焊接机六大系统常见的器件组成,无论功能和外形有什么不同,激光焊接机总由这些器件组合而成。

表 2-9　激光焊接机系统器件组成

常用激光器	(1)	CO_2激光器,高功率深穿透熔化激光焊接机
	(2)	光纤激光器,中低功率热传导激光焊接机
	(3)	YAG激光器,中低功率热传导激光焊接机
	(4)	半导体碟片激光器,高功率深穿透熔化激光焊接机

续表

导光及聚焦方式	(1)	小幅面焊接:振镜式后聚焦方式
	(2)	大幅面焊接:X-Y步进平台
运动系统组成	(1)	二轴运动:二维平面焊接
	(2)	五轴运动:三维曲线焊接
冷却与辅助系统	(1)	水冷装置
	(2)	吹气装置
	(3)	烟雾净化装置
常用控制系统	(1)	专用焊接软件,参数由控制面板输入
传感与检测装置	(1)	能量负反馈检测装置
	(2)	CCD视频监视装置
	(3)	焊缝自动跟踪装置

（二）激光切割机识别知识

1. 激光切割机概述

激光切割机基本结构示意图如图 2-28 所示,它是利用高功率密度激光束照射工件使其发生熔化、气化、断裂等现象,从而达到切断材料的目的。

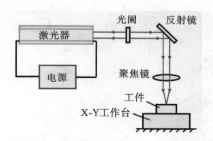

图 2-28　激光切割机基本结构示意图

2. 激光切割机系统识别

表 2-10 总结了激光切割机六大系统常见的器件组成,无论功能和外形有什么不同,激光切割机总由这些器件组合而成。

表 2-10　激光切割机系统器件组成

常用激光器	(1)	CO_2 激光器,低功率加工大部分非金属材料,高功率可加工金属材料
	(2)	光纤激光器,高中低功率金属激光切割机
	(3)	YAG激光器,中低功率精密金属激光切割机
导光及聚焦方式	(1)	小幅面切割:振镜式后聚焦方式
	(2)	大幅面切割:X-Y工作台式

续表

运动系统组成	（1）	二轴运动：二维平面切割
	（2）	五轴运动：三维曲线切割
冷却与辅助系统	（1）	冷水机
	（2）	吹气装置
	（3）	烟雾净化装置
常用控制系统	（1）	专用切割软件，由软件界面输入
传感与检测装置	（1）	CCD 视频监视装置
	（2）	x、y 轴行程限位机构

（三）激光打标机识别知识

1. 激光打标机概述

激光打标机基本结构示意图如图 2-29 所示，它是利用激光束对工件进行局部照射，使工件表层材料熔化、气化或发生颜色变化，从而形成所需要的图文标记。

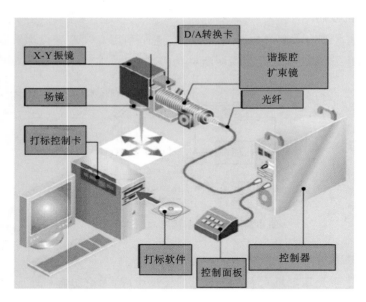

图 2-29　激光打标机基本结构示意图

2. 激光打标机系统识别

表 2-11 总结了激光打标机六大系统常见的器件组成，无论功能和外形有什么不同，激光打标机总由这些器件组合而成。

表 2-11 激光打标机系统器件组成

常用激光器	(1)	光纤激光器,适用于金属材料和塑胶材料
	(2)	半导体侧泵 YAG 激光器,适用于金属与非金属
	(3)	CO_2 激光器,适用于塑胶、皮革、木材等非金属材料
导光及聚焦方式	(1)	常规打标:振镜式后聚焦方式
	(2)	大幅面打标:振镜式前(动态)聚焦方式
运动系统组成	(1)	单轴运动:一维飞行打标
	(2)	五轴运动:三维曲线打标
冷却与辅助系统	(1)	中低功率——冷却风扇;中高功率——冷水机
	(2)	烟雾净化装置
常用控制系统	(1)	专用打标软件,参数由软件界面输入
传感与检测装置	(1)	CCD 视觉定位装置

(四)激光增材制造设备识别知识

1. 激光增材制造概述

激光增材制造(laser additive manufacturing,LAM)是一种以激光为能量源的增材制造技术。按照成形原理,该技术可以分为激光选区熔化(selective laser melting,SLM)和激光立体成形技术(laser solid forming,LSF)两个大类,其设备示意图如图 2-30 所示。

2. 激光增材制造设备识别

表 2-12 总结了激光增材制造设备六大系统常见的器件组成,无论功能和外形有什么不同,激光增材制造设备总由这些器件组合而成。

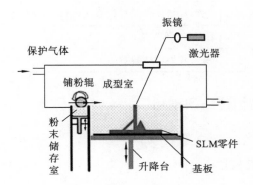

(a)激光选区熔化设备示意图

图 2-30 激光增材制造设备基本结构示意图

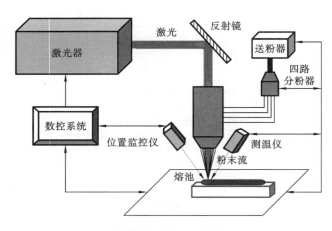

（b）激光立体成形设备示意图

续图 2-30

表 2-12 激光增材制造系统器件组成

常用激光器	（1）	CO_2 激光器,激光立体成形
	（2）	固体紫外激光器,非金属材料光固化增材制造
	（3）	红外掺镱光纤激光器,金属材料激光增材制造
导光及聚焦方式	（1）	振镜式前聚焦方式
	（2）	X-Y 工作台式
运动系统组成	（1）	三轴运动:三维立体制造
	（2）	五轴运动:三维曲面制造
冷却与辅助系统	（1）	新风保护系统
	（2）	铺粉装置
常用控制系统	（1）	专用布点软件及控制系统,由软件界面输入
	（2）	路径规划软件及控制系统,由软件界面输入
传感与检测装置	（1）	CCD 视频监视装置
	（2）	粉末效果监视装置

二、成套激光装置组成与识别知识

（一）动力电池激光加工成套装置识别

1. 动力电池生产工艺概述

1）新能源汽车与动力电池

新能源汽车有动力电池、电机驱动和电控三大核心系统,其中电池在整车成本中所占比例最高,如图 2-31 所示。

图 2-31　新能源汽车组成示意图

2）动力电池结构概述

动力电池由单个电芯通过模组方式连接在一起，单个电芯按外形可分方形、圆柱形及软包电芯三类，如图 2-32（a）所示。

电池模组是单个电芯串并联组合后加装单体电池监控与管理装置后形成的电芯与 pack 的中间产品，如图 2-32（b）所示。

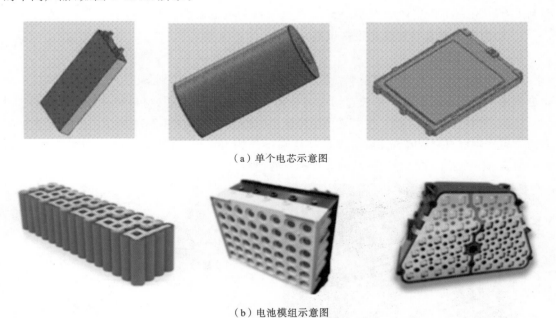

（a）单个电芯示意图

（b）电池模组示意图

图 2-32　动力电池结构示意图

3）动力电池激光加工概述

动力电池生产流程主要包括材料准备前段工艺、电芯预制前段工艺、电芯组装中段工艺和电池组装后段工艺等几个工艺流程，如图 2-33 所示。

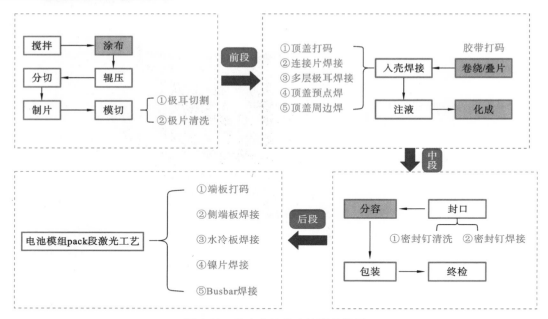

图 2-33　动力电池生产流程示意图

在上述工艺流程中大量使用了不同类型的激光设备,它们和其他配套设备一起构成了电芯预制生产线、电芯装配生产线、电池模组 pack 生产线和电池盖板生产线等各类成套装置。

2. 动力电池成套装置激光设备识别

1) 材料准备前段工艺

材料准备前段工艺主要有搅拌、涂布、辊压、分切、制片和模切等几个工艺步骤,其中分切是将涂布和辊压后的材料沿长边切成细长条,制片是将细长条状材料切成所需求的形状。

目前,材料分切和制片工艺主要采用传统机械加工方式,如图 2-34 所示。使用激光加工方式时可选用红外脉冲激光器,对质量有精细要求的,也可以选用脉冲绿光和紫外激光器,整体而言,激光加工在效率和正品率等指标上有待提高。

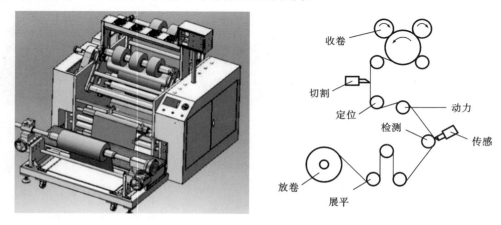

图 2-34　机械方式金属箔分切示意图

极耳模切包含激光极耳切割和激光极片清洗两种工艺方法,如图 2-35 所示。

(a) 激光极耳切割   (b) 激光极片清洗

图 2-35 激光极耳模切工艺示意图

激光极耳切割可以选择功率为 100 W 左右的 MOPA 脉冲光纤激光器和功率更高的小直径单模连续光纤激光器。激光极片清洗可以使用连续涂布材料,对激光器的参数要求和工艺要求更高。国内制造极耳模切成套装置的企业很多,如联赢激光、大族激光、海目星激光、华工激光等。

2) 电芯预制前段工艺

电芯预制前段工艺主要有卷绕/叠片、入壳焊接、注液和化成等几个工艺步骤。卷绕/叠片工艺中的胶带打码、入壳焊接工艺中的顶盖打码、连接片焊接、多层极耳焊接(预焊接)、顶盖预点焊和顶盖周边焊等大量使用了激光焊接机和打标机,是电芯装配生产线的核心设备,如图 2-36 所示。

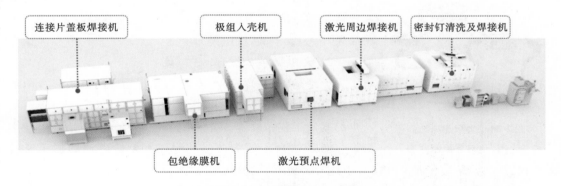

图 2-36 电芯装配生产线示意图

3) 电芯组装中段工艺

电芯组装中段工艺主要有封口、分容、包装和终检等几个工艺步骤。封口工艺中的密封钉焊接和密封钉清洗大量使用了激光焊接机和激光清洗机,它们也是电芯装配生产线的核心设备。

4) 电池组装后段工艺

电池组装后段工艺主要包括电芯与电芯之间的连接,包括电池模组 pack 连接片焊接以及模组后盖板上的防爆阀焊接等,大量使用了激光焊接机和激光打标机,它们组成了电池模组 pack 生产线的核心设备,如图 2-37 所示。

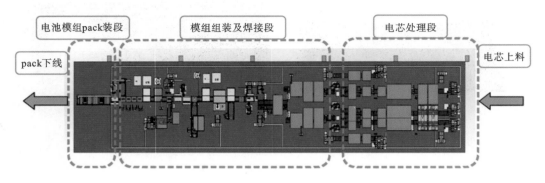

图 2-37 电池模组 pack 生产线示意图

(二)太阳能电池激光切割成套装置识别

1. 太阳能电池生产工艺

1)太阳能电池概述

太阳能电池组件是将太阳光辐射能直接转换为电能的组件,通过控制器、蓄电池和逆变器等装置提供给用户使用,在低碳经济中占有重要地位,如图 2-38 所示。

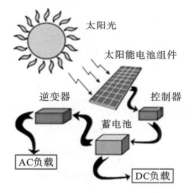

图 2-38 太阳能电池产生与应用示意图

太阳能电池可分为单(多)晶硅太阳能电池和非晶硅薄膜太阳能电池两个大类,前者电池转换效率高,技术最为成熟但原料短缺,产量受到限制。后者电池光吸收系数高,产品尺寸大,成本低,应用更为广泛。

2)太阳能电池激光加工概述

无论是单(多)晶硅太阳能电池还是非晶硅薄膜太阳能电池,利用激光来进行切割、成型、划线和组串成为必不可少的基础工艺和设备。

图 2-39 所示的为非晶硅薄膜太阳能电池的加工流程图。我们可以看出,在加工过程中一共三次利用了激光加工设备。

第一次,使用波长 1064 nm 红外激光将导电层刻画成一条条等面积的长条,用于产生前电极的正极。第二次,使用波长 532 nm 可见绿激光透过导电层刻画非晶硅层,用于确认电池的采光面积大小。第三次,使用波长 532 nm 可见绿激光刻划铝背电极的铝膜,用于形成内部串联集成电路,如图 2-40 所示。

2. 薄膜太阳能电池激光切割成套装置识别

1)激光蚀刻机

激光蚀刻机用于非晶硅和半导体薄膜太阳能电池板周边镀膜的扫除和清理,根据加工

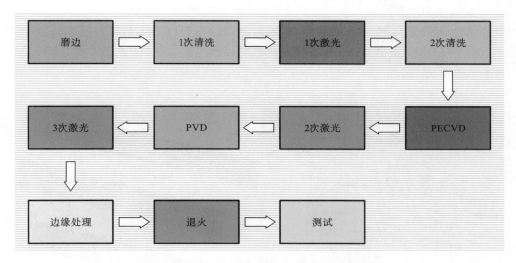

图 2-39 非晶硅薄膜太阳能电池的加工流程图

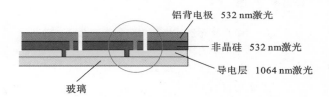

图 2-40 加工非晶硅薄膜太阳能电池的激光器

对象材质不同,可使用激光波长 1064 nm、532 nm 或 355 nm 高精度重复脉冲激光器,激光蚀刻机结构示意图如图 2-41 所示。

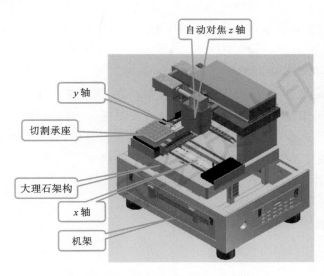

图 2-41 激光蚀刻机结构示意图

2）陶瓷激光划片机

陶瓷激光划片机本质是加工脆性材料的激光切割机,根据加工对象材质不同,可使用激光波长 1064 nm、532 nm 或 355 nm 高精度重复脉冲激光器,陶瓷激光划片机结构和加工产品示意图如图 2-42 所示。

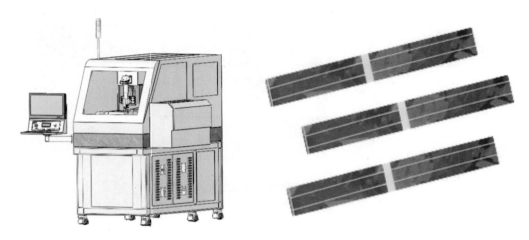

图 2-42　陶瓷激光划片机结构和加工产品示意图

3）硅片标记机

硅片标记机在结构上类似激光打标机,本书已经做过介绍,这里不再赘述。

（三）OLED 柔性屏激光加工成套装置识别

1. OLED 柔性屏生产工艺概述

1）OLED 发光原理与柔性屏

OLED 是有机发光二极管的简称,其基本结构是在基板上制作一层几十纳米的有机发光材料发光层并将其放置在直流电两电极之间,当正、负极电子在此有机材料中相遇时,材料就会发光,如图 2-43 所示。

2）OLED 柔性屏激光加工概述

激光在 OLED 柔性屏产业的作用至关重要。在产业链上游,激光用于柔性电路板(FPC)制作,在产业链中游,激光贯穿了 OLED 面板制作的三段过程。在基板制造中,激光退火(ELA)工艺用于低温多晶硅(LTPS)生产。在前板制造中,激光剥离(LLO)是分离柔性基底和刚性背板的关键工序。在模组制造中,激光切割将面板切割成刘海屏、水滴屏等多样化外观。在 OLED 柔性屏制造的全过程中均可采用激光修复工艺以提高产品的良品率,如表 2-13 所示。

2. OLED 激光加工成套装置识别

1）激光退火工艺

在高端 OLED 柔性屏制造中采用高功率准分子激光退火工艺,使用 308 nm XeCl 激光器将基板由非晶硅薄膜转变成高质量多晶硅薄膜,大幅度提高 TFT(薄膜晶体管)性能,是 LTPS

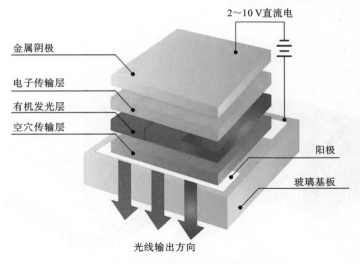

图 2-43 OLED 结构与发光原理示意图

表 2-13 OLED 柔性屏激光加工典型工艺

工艺	过程
激光退火	将已淀积在玻璃上的 a-Si 薄膜通过准分子激光束退火转化为 p-Si 薄膜,即由非晶硅转化为多晶硅
激光剥离	柔性在面板制程完成后,通过激光玻璃工艺将玻璃基板剥离,仅保留 TFT 薄膜结构
激光切割	采用激光对 OLED 面板进行切割
激光倒角和听筒挖孔	模组边缘四个角的切割,以及 OLED 面板在听筒位置的挖孔
激光修复	针对制程当中发光区域内产生的亮点、灰亮点、亮线不良进行激光修复

TFT-LCD(低温多晶硅薄膜晶体管液晶显示)和 AMOLED(主动矩阵有机发光二极管显示)的标准工艺,如图 2-44 所示。

2)激光剥离设备

柔性显示制造过程中的激光剥离设备采用 308 nm XeCl 激光器将柔性基底从玻璃等硬质基板上剥离,如图 2-45 所示。

(四)智能手机激光加工成套装置识别

1. 智能手机生产激光工艺概述

智能手机制造中 70% 工艺的环节要用到激光打标、激光切割、激光焊接等,如图 2-46 所示。它们构成指纹识别模组切割(FPCBA＋IC＋盖板)成套装置、全自动中板螺柱激光焊接成套装置等系列专用定制设备。

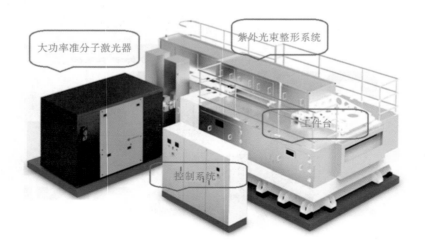

图 2-44 平板显示器激光退火工艺示意图

 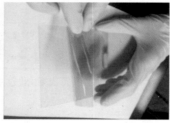 

图 2-45 PI基底剥离激光示意图

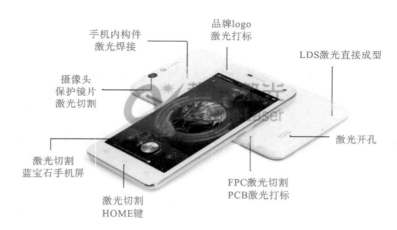

图 2-46 智能手机生产激光工艺应用示意图

2. 智能手机激光加工成套装置识别

1) 指纹识别模组切割（FPCBA＋IC＋盖板）成套装置

智能手机指纹识别模组结构示意图如图 2-47 所示，指纹识别模组切割成套装置包含 FPCBA 激光切割设备、IC 激光切割设备和盖板激光切割设备三个大类。

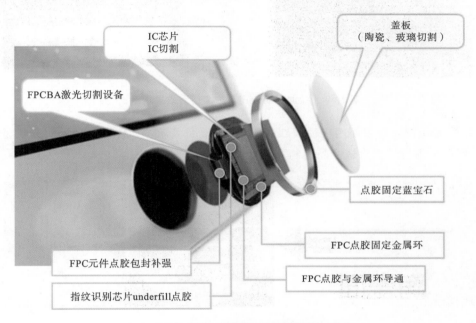

图 2-47　智能手机指纹识别模组结构示意图

FPCBA 激光切割设备主要使用 355 nm 紫外激光器，图 2-48 所示的为设备装置和加工产品效果示意图。

图 2-48　FPCBA 激光切割设备和加工产品效果示意图

IC 激光切割设备主要也使用 355 nm 紫外激光器，设备装置与 FPCBA 激光切割设备类似，图 2-49 所示的为待切割 IC 产品实物和已切割部分 IC 产品的效果示意图。

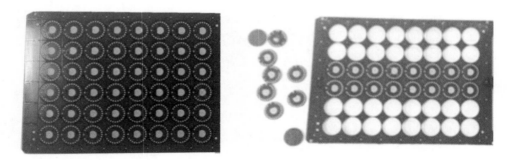

图 2-49　IC 激光切割产品加工前后效果示意图

盖板激光切割设备主使用皮秒级红外激光器，设备装置与 FPCBA 激光切割设备类似，图 2-50 所示的为待切割陶瓷产品实物和已切割实物的效果示意图。

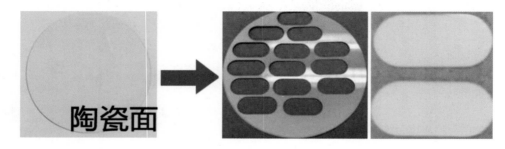

图 2-50　盖板激光切割实物前后效果示意图

2）全自动中板螺柱激光焊接成套装置

全自动中板螺柱激光焊接成套装置通过配置双工位、双振镜头 z 轴激光焊接机和工件自动夹紧定位 CCD 检测系统，可将 8 个螺柱和弹片全自动化地焊接在手机中板上，激光焊接系统在第 12 和第 13 个工位，如图 2-51 和表 2-14 所示。

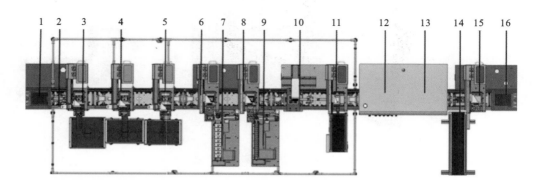

图 2-51　全自动中板螺柱激光焊接成套装置

表 2-14　全自动中板螺柱激光焊接成套装置工位序号

工位序号	1	2	3	4
工位名称	流水线体	流水夹具	螺柱上料 1	螺柱上料 2
工位序号	5	6	7	8
工位名称	螺柱上料 3	中板上料	中板料盒循环	弹片上料
工位序号	9	10	11	12
工位名称	弹片料盒循环	CCD 检测	NG 夹具下料	激光焊接 1
工位序号	13	14	15	16
工位名称	激光焊接 2	成品下料皮带线	成品下料	升降电梯

（五）汽车制造激光加工成套装置识别

1. 汽车制造激光应用概述

汽车制造是激光加工应用最多的领域之一，主要有汽车整车制造过程中的激光切割、激光焊接、激光打标等技术，以及汽车零部件制造中的激光调阻、激光熔覆、激光合金化、激光相变硬化和激光打孔等技术，如图 2-52 所示。

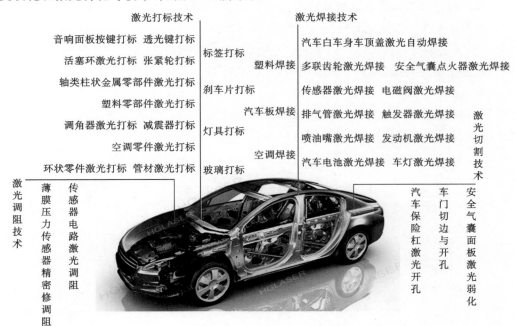

图 2-52　汽车工业激光应用示意图

汽车整车制造是指对汽车整个车身进行制造和装配的过程，如对白车身、车门、车架等零部件的制造和装配，有时我们也称之为主线焊装工艺过程。

汽车零部件制造是指对汽车零部件的制造和装配，如发动机核心部件的淬火、变速器齿轮、气门挺杆、车门铰链焊接等，有时我们也称之为离线零部件加工工艺过程。

汽车白车身是指车身结构件及覆盖件焊接总称，包括前翼板、车门、发动机罩、行李箱盖,但不包括附件及装饰件的未涂漆的车身,如图 2-53 所示。

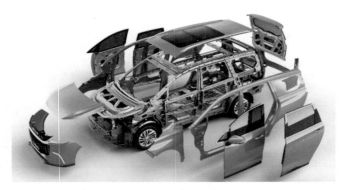

图 2-53　汽车白车身示意图

汽车白车身激光焊接有两种方式:第一种是不需要填充物质的激光深熔焊接,主要应用在汽车侧围板、车门、底板等结构;第二种是需要填充物质的钎焊,主要应用在顶盖、尾盖、流水槽等结构。

2. 汽车制造激光加工成套装置识别

1) 汽车白车身顶盖激光钎焊

白车身顶盖激光钎焊可以采用带分时光闸的高功率光纤激光器,一台激光器兼具切割、焊接、钻孔和熔覆等功能,实现一机多用,提升加工效率。

2) 汽车白车身激光拼焊

激光拼焊是先将不同或相同厚度、强度、材质的冷轧钢板,切成合适的尺寸和形状,然后用激光焊接成一个理想的整体,即激光拼焊板,如图 2-54 所示。

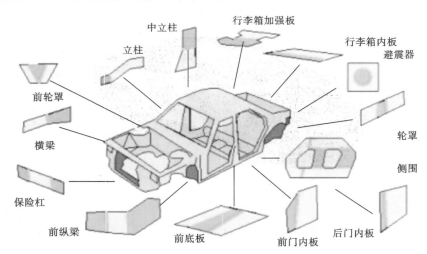

图 2-54　激光拼焊在车身制造中应用

3) 汽车白车身热成型板激光切割

热成型是指将钢板经过近 1000 ℃ 高温加热之后一次成型又迅速冷却的过程,热成型钢板激光切割可采用单模组连续光纤激光器,如图 2-55 所示。

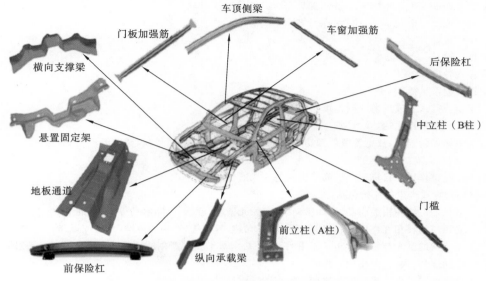

图 2-55　汽车白车身热成型钢板激光切割示意图

4)汽车零部件切割/焊接

采用大功率激光器配以相应的导光系统、机器人、工装夹具、全自动上下料系统、控制系统等可以对汽车金属管类零部件、汽车变挡套、汽车仪表板、汽车座椅调角器、汽车钣金件等进行激光切割/焊接,基本方法和汽车成套装置的应用差不太多,这里不再一一赘述。

三、激光加工危险分类知识

(一)设备固有危险知识

根据《机械安全 激光加工机 第 1 部分:通用安全要求》(GB/T 18490.1—2017)国家标准4.2节表述,激光装置的固有危险有机械危险、电气危险、热危险、振动危险、辐射危险、材料和物质产生的危险和机器设计时忽视人机工效学原则而导致的危险等七个类别,如图 2-56 所示。

(二)外部影响(干扰)造成的危险知识

根据 GB/T 18490.1—2017《机械安全 激光加工机 第 1 部分:通用安全要求》国家标准4.3 节表述,激光装置外部影响(干扰)造成的危险也有温度,湿度,外来冲击/振动,周围的气化物、灰尘或其他气体,电磁干扰/无线电频率干扰,动力源中断电/电压波动和硬件/软件的兼容性与完整性不足等七个类别,如图 2-57 所示。

(三)其他潜在的危险知识

根据《机械安全 激光加工机 第 1 部分:通用安全要求》(GB/T 18490.1—2017)国家标准4.4 节表述,激光装置其他潜在的危险是指不一定立即产生明显危害效果的危险类别,比如加工过程中产生的废气、粉尘、噪声对人体的伤害等,具体内容在该文件的附录 A 中有详细表述,如图 2-58 所示。

4.2 固有的危险

激光加工机可能会产生以下危险(参见 GB/T 15706—2012):

a) 机械危险。

b) 电气危险。

c) 热危险。

d) 振动危险。

e) 辐射危险包括:

   1) 由直接人身或反射的激光束产生的危险;

   2) 电离辐射产生的危险;

   3) 由诸如闪光灯、放电管或射频功率源产生的伴随辐射(如紫外线、微波等)产生的危险;以及

   4) 因光束作用使目标靶产生的二次辐射造成的危险。

f) 材料和物质产生的危险包括:

   1) 激光加工机使用的制品(例如激光气体、激光染料、激活气体,溶剂等)带来的危险;

   2) 光束与物料相互作用(例如烟尘、颗粒、气化物、碎片等)产生的危险,火灾或爆炸;

   3) 用于辅助激光与目标靶相互作用的气体(见 5.3.3)及其产生的烟雾导致的危险,这些危险包括爆炸、火灾、副作用和缺氧。

g) 机器设计时忽视人机工效学原则而导致的危险。

图 2-56 固有危险(节选 GB/T 18490.1—2017)示意图

其他环境影响包括:

   a) 温度;

   b) 湿度;

   c) 外来冲击/振动;

   d) 周围的气化物、灰尘或其他气体;

   e) 电磁干扰/无线电频率干扰;

   f) 动力源中断/电压波动;

   g) 硬件/软件的兼容性与完整性不足。

图 2-57 外部影响(干扰)造成的危险(节选 GB/T 18490.1—2017)示意图

4.4 其他潜在的危险

有关其他潜在危险的资料参见附录 A。

附 录 A

(资料性附录)

潜在的危险

A.1 加工副产物举例

A.1.1 概述

下面列举了用激光进行加工时常见的副产物。

这些例子仅供参考,并不全面。

A.1.2 陶瓷加工

铝(氧化铝),镁,钙以及硅的氧化物。

氧化铍 BeO(剧毒)。

图 2-58 其他潜在的危险(GB/T 18490.1—2017)示意图

上述三大类危险在不同材料和不同加工方式中的影响程度是不同的,在使用激光设备和制定加工工艺时应该采取措施来防范以上这些危险。

为了便于叙述,本书将上述三大类危险分为项目 3、项目 4 中的八个具体任务来讲述涉及的必要知识和主要技能。

【任务实施】

(1) 制订项目 2 任务二工作计划,填写项目 2 任务二工作计划表(见表 2-15)。

表 2-15　项目 2 任务二工作计划表

1. 任务名称			
2. 搜集整理项目 2 任务二课外书、网站、公众号	(1)	课外书	
	(2)	网　站	
	(3)	公众号	
3. 搜集总结项目 2 任务二主要知识点信息	(1)	知识点	
		概　述	
	(2)	知识点	
		概　述	
	(3)	知识点	
		概　述	
	(4)	知识点	
		概　述	
	(5)	知识点	
		概　述	
4. 搜集总结项目 2 任务二主要技能点信息	(1)	技能点	
		概　述	
	(2)	技能点	
		概　述	
	(3)	技能点	
		概　述	
5. 工作计划遇到的问题及解决方案			

(2) 完成项目 2 任务二实施过程,填写项目 2 任务二工作记录表(见表 2-16)。

表 2-16　项目 2 任务二工作记录表

工作任务	工作流程		工作记录
1.	(1)		
	(2)		
	(3)		
	(4)		

续表

工作任务	工作流程		工作记录
2.	（1）		
	（2）		
	（3）		
	（4）		
3.	（1）		
	（2）		
	（3）		
	（4）		
4. 实施过程遇到的问题及解决方案			

【任务考核】

（1）培训对象完成项目 2 任务二以下知识练习考核题。

① 利用课内外教材、网站、公众号等资源，按照设备的功能分类，搜集各类单台设备名称及典型结构信息，填写表 2-17。

表 2-17　单台激光设备典型结构

序号	单台设备名称	典型结构
1		
2		
3		
4		

② 利用课内外教材、网站、公众号等资源，按照激光设备的功能分类，搜集各类成套装置名称和内含激光设备及功能信息，填写表 2-18。

表 2-18　成套激光装置典型设备及功能

序号	成套装置名称	内含激光设备及功能
1		

续表

序号	成套装置名称	内含激光设备及功能
2		
3		
4		

③ 根据《机械安全 激光加工机 第 1 部分：通用安全要求》(GB/T 18490.1—2017)写出使用激光加工设备时可能导致的两类主要危险及分类明细,填写表 2-19。

表 2-19　激光加工设备主要危险分类

分类 1	分类 2

(2) 培训对象完成项目 2 任务二以下技能训练考核题。

利用课内外教材、网站、公众号等资源,按照系统功能分类,搜集本企业或外企业生产的激光加工单台设备(或器件)和成套设备(或器件)名称、型号和主要用途,填写表 2-20。

表 2-20　企业激光加工设备和装置案例训练

企业名称			
序号	设备(器件)名称	型号	主要用途
1			
2			
3			
4			

(3) 培训教师和培训对象共同完成项目 2 任务二考核评价,填写考核评价表(见表 2-21)。

表 2-21 项目 2 任务二考核评价表

评价项目	评价内容	权重	得分	综合得分
专业知识	知识练习考核题完成情况	40%		
专业技能	技能训练考核题完成情况	40%		
综合能力	培训过程总体表现情况	20%		

3

激光装置固有危险的防护

【项目导入】

通过学习项目 2 任务二我们知道,根据《机械安全 激光加工机 第 1 部分:通用安全要求》(GB/T 18490.1—2017),使用激光加工机存在设备固有危险、外部影响(干扰)造成的危险和其他潜在的危险三个大类危险。

项目 3 主要介绍固有危险相关知识与防护训练方法,根据不同危险性质,也为了便于组织实施教学过程,我们将固有危险分为以下 4 个任务,并将机器设计时忽视人机工效学原则而导致的危险合并到任务三里。

任务一:激光辐射的危险与防护;

任务二:机械和电气的危险与防护;

任务三:材料和物质的危险与防护;

任务四:热和噪声的危险与防护。

通过完成项目 3 上述 4 个任务,本书读者将初步了解激光设备和装置固有危险相关知识,初步掌握预防各类危险的基础技能,为防止固有危险导致的各类伤害打下良好基础。

任务一 激光辐射的危险与防护

【学习目标】

知识目标

1. 掌握激光对生物组织的作用知识

2. 掌握激光产品辐射危险分类标准知识

3. 掌握激光产品辐射危险防护方法知识

技能目标

1. 识别激光辐射危险防护装置

2. 正确采购选用激光防护眼镜

【任务描述】

打开任意一本激光设备的产品说明书,我们总是可以发现,设备的辐射安全是用户应该重视的首要问题,如图 3-1 所示。

1.2 激光安全等级

根据欧洲标准 EN 60825-1,条款 9,该系列激光器属于 4 类激光仪器。该产品发出波长为 1080 nm 或 1080 nm 附近的激光辐射,且由输出头辐射出的光功率为 100 W～2000 W(取决于型号)。直接或间接地暴露于这样的光强度之下会对眼睛或皮肤造成伤害。尽管该辐射不可见,光束仍会对视网膜或眼角膜造成不可恢复的损伤。在激光器运行时必须全程佩戴合适且经过认证的激光防护眼镜。

◆ 在操作该产品时要确保全程佩戴激光安全防护眼镜。激光安全防护眼镜具有激光波长防护选择性,故请用户选择符合该产品激光输出波段的激光安全防护眼镜。即使佩戴了激光安全防护眼镜,在激光器通电时(无论是否处于出光状态),也严禁直接观看输出头。

图 3-1 激光设备产品说明书示例

激光设备的辐射安全必须贯穿在设备的设计、制造、安装和使用全过程,项目 3 任务一力求通过任务引领的方式学习激光设备辐射危险相关知识,掌握判断辐射危险涉及的主要技能。

【学习储备】

一、激光对生物组织的作用

(一)激光生物效应

1. 激光生物效应定义

激光生物效应是指激光作用于生物时可能产生的物理、化学或生物的反应,它既取决于激光参数,也取决于生物体的特性;它既可能对人体带来明显益处,也可能对人体产生巨大伤害。

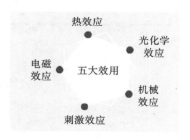

图 3-2 激光生物效应分类示意图

2. 激光生物效应分类

激光生物效应大致可分为热效应、光化学效应、电磁效应、机械效应和刺激效应五类,如图 3-2 所示。

1)光化学效应

生物组织的生长、发育、修复和繁育离不开在生物细胞内部进行的生物化学反应,如果用激光照射生物,生物组织会产生特定的生物化学反应,我们称之为光化学效应。

引发生物组织产生光化学效应的是波长在 700 nm 以下的可见光和紫外光,光化学效应已经广泛用于农业制种。

2)热效应

激光作用于生物组织局部会使其温度升高,引起生物组织产生温升、凝固、炭化、气化等变化,我们称之为热效应。

引发生物组织产生热效应的是波长较长的近红外光、中红外光和远红外光。热效应可以用来制造激光手术刀,不仅可以快速准确地切除坏死组织,同时对被切割组织具有良好的凝血作用。

3)机械效应

机械效应有两重含义:第一,光具有波粒二象性,即光子有质量有动量,撞击物体时必然会给受照处施以光压;第二,当生物组织吸收激光能量时,无论能量密度高低都会伴有机械波。

4)电磁效应

激光是一种波长十分稳定的电磁波,与生物组织相互作用时实质上是电磁场与生物组织相互作用,其中电场起主要作用。激光的电场强度与功率密度相关,有可能在生物组织内产生光学谐波,发生电致伸缩,导致拉曼散射等,使生物组织电系统发生某种变化。

5)刺激效应

低功率激光照射生物组织不直接造成生物组织的不可逆性损伤,只产生某种与超声波、针刺、针灸和热的物理因子所获得的与生物刺激作用相类似的效应,该效应称为刺激效应。

我们把产生刺激效应的激光称为弱激光,它是一种刺激源,生物体对这种刺激的应答反应可能是兴奋,也可能是抑制。弱激光照射可以影响生物体的免疫功能,对神经组织和功能有刺激作用,还可以引起生物机体内一系列其他的生物效应,对某些疾病有一定的防治效果。

(二)激光对人体组织的危害

1. 激光对眼睛的损伤

1)眼球的简要结构

图 3-3 所示的为人眼眼球结构的简要剖面图,眼球壁外膜的前部为透明的角膜,它是外界光线进入眼内的"窗户",具有光线聚焦的功能。角膜后面有一个中间厚、边缘薄、双面凸的透明晶状体,它像一个放大镜,也具有屈折光线的作用,它就是晶状体。晶状体具有一定弹性,可发生凸度的改变,是近视或远视产生的原因。眼球壁最内一层的透明薄膜组织称为视网膜,它感受光线刺激后将光化学变化转变为生物电流,生物电流经视神经传导到大脑的视觉中枢,进而产生视觉。

2)可见激光和近红外激光对眼睛的损伤

不同波长的激光对眼睛的损伤位置是不同的,如图 3-4 所示。表 3-1 比较详细地列出了激光波长对眼部伤害主要类型和详细位置,读者可以仔细研读。

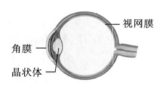

图 3-3 人眼眼球结构的简要剖面图

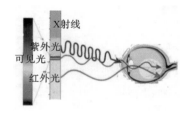

图 3-4 不同波长激光对眼睛的损伤位置示意图

表 3-1 激光波长对眼部伤害主要类型和详细位置

激光波长	眼部伤害主要类型和详细位置
近紫外激光（180～280 nm）	光化学效应，光致角膜炎
中紫外激光（280～315 nm）	光化学效应，光致角膜炎
远紫外激光（315～400 nm）	光化学效应，光致角膜炎、白内障
可见光（400～700 nm）	光化学效应和热效应，视网膜损伤
近红外激光（700～1400 nm）	热效应，白内障、视网膜灼伤
中红外激光（1400～3000 nm）	热效应，白内障、水分蒸发、角膜灼伤
远红外激光（3000 nm～1 mm）	热效应，角膜灼伤

可见光（400～700 nm）及近红外激光（IR-A，700～1400 nm）可穿透眼部，落在视网膜上的光斑强度比角膜上的光斑强度增大 10^5 倍，对视网膜、视神经及眼睛中心部位造成不可逆损伤。在激光束内或反射光束内窥视激光是非常危险的。

3）中、远红外激光对眼睛的损伤

中红外激光（IR-B，1400～3000 nm）有可能会穿透眼睛表面，导致白内障；远红外激光（IR-C，3000 nm～1 mm）90％以上被角膜吸收，所以眼睛的外表面及角膜是主要的伤害对象。

4）紫外激光对眼睛的损伤

紫外激光（180～400 nm）几乎刻意全部被角膜、晶状体吸收。近紫外激光伤及晶体，中、远紫外激光伤及角膜。所以紫外激光对眼的损伤主要是晶状体和角膜。紫外激光还具有累积破坏效应，即使每次光强很弱，多次照射眼睛也会受到伤害。

5）其他激光参数对眼睛的损伤

激光能量越大，对眼睛损伤越大；激光照射人眼的角度越小，成像在视网膜上的光斑越小，能量密度越集中，对人眼的损伤越大；在黑暗环境人眼的瞳孔会扩大，视网膜接收的激光能量更多，更容易引起视网膜损伤。

2. 激光对皮肤的损伤

1）皮肤结构概述

人体皮肤由外往里依次为表皮、真皮和皮下组织三个部分，表皮内无血管，但有游离神经末梢。真皮有结缔组织，也有神经、血管及汗腺等其他组织。皮下组织含有脂肪，能缓冲

外来压力、绝热和储存能量，也包括毛发、皮脂腺与指（趾）甲等
组织，如图 3-5 所示。

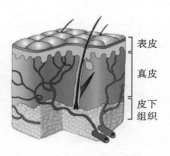

　　2）激光对皮肤损伤的影响因素

　　激光的热效应、机械效应和刺激效应可能损伤人体皮肤，
其程度由皮肤对激光吸收率决定，与激光的照射剂量（激光功
率密度或能量密度、激光作用时间等）、激光波长和皮肤颜色深
浅等三个主要因素相关，皮肤组织水分及角质层厚薄等因素也
有影响。由于激光损伤皮肤的阈值很高，同时皮肤具有损伤修
复功能，大多数皮肤损伤不影响整体皮肤功能结构，但也应该
高度重视。

图 3-5　皮肤的简要结构

　　3）激光照射剂量对皮肤损伤的影响

　　激光功率密度（或能量密度）与皮肤受到的损伤程度正相关，皮肤吸收超过安全阈值的
激光能量后，受照部位的皮肤将随剂量的增大而依次出现热致红斑、水疱、凝固及热致炭化、
沸腾、燃烧及热致气化过程。时间越长，影响越大。

　　4）激光波长对皮肤损伤的影响

　　皮肤主要物质（黑色素、血红蛋白和水）对不同波长激光有着截然不同的吸收率，血红蛋
白对紫外激光的吸收率很高，水分对红外激光的吸收率很高，所以紫外激光和红外激光是皮
肤激光损伤的两个主要波段，如图 3-6 所示。

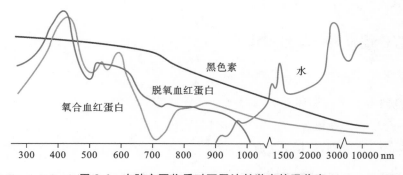

图 3-6　皮肤主要物质对不同波长激光的吸收率

　　紫外激光对皮肤主要产生光化学效应，可以引起皮肤红斑、老化甚至癌变，危害性最大
的紫外激光波长为 270～290 nm，在其他区间的危害程度相对减少。红外激光对皮肤主要产
生热效应，功率较小时导致毛细血管扩张，皮肤发红、发热。随着激光功率密度增大，可能引
起皮肤组织的炭化、气化和变性，造成的烧灼性损伤和凝固性损伤，如表 3-2 所示。

表 3-2　激光波长对皮肤损伤主要类型

激光波长	皮肤主要损伤
近紫外激光（180～280 nm）	红斑、皮肤老化、色素沉着
中紫外激光（280～315 nm）	色素沉着、色暗、光敏感、皮肤灼伤

续表

激光波长	皮肤主要损伤
远紫外激光(315~400 nm)	色暗、光敏感作用、皮肤灼伤
可见光(400~700 nm)	色暗、光敏感作用、皮肤灼伤
近红外激光(700~1400 nm)	皮肤灼伤
中红外激光(1400~3000 nm)	皮肤灼伤
远红外激光(3000 nm~1 mm)	皮肤灼伤

　　例如,10.6 μm 波长的 CO_2 激光可造成表浅皮肤烧灼性损伤,皮肤出现潮红、充血、水肿、红肿,以及局部附灰黑、淡褐色薄痂甚至形成溃疡,1064 nm 波长的 YAG 激光、氩激光、红宝石激光可造成表浅皮肤凝固性损伤,组织呈灰白色或灰褐色,边缘充血水肿,出现水疱或血疱甚至组织呈灰黑色坏死。

　　5)皮肤颜色对皮肤损伤的影响

　　表皮中的黑色素颗粒多少决定了皮肤的颜色深浅。黑色素颗粒比较容易吸收激光能量转变成热能,在局部引起细胞及组织破坏和死亡,所以肤色较深的人更容易受到激光的伤害,更要注意接触激光时的防范工作。

　　事物总是有利有弊的,如果能够有效地控制激光的激光功率密度或能量密度、脉冲持续时间和激光波长,激光也可以成为皮肤美容的最佳方式之一,如已经得到广泛应用的激光脱毛和光子嫩肤等。

二、激光产品辐射危险分类知识

(一)辐射危险分类总体说明

1. 辐射危险分类标准概述

　　在任意一台激光终端设备上或其工作区域,我们都能看到一些关于激光的安全标志,并且会标明激光的安全类别,如图 3-7 所示。

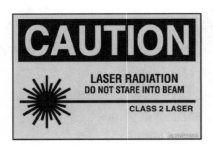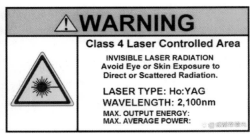

图 3-7　激光安全标志示意图

　　不同的国家通过不同的组织形成各类激光辐射安全标准,如表 3-3 所示。我国国内主要使用了国家标准(包括 GB 7247 及 GB/T 18490)、国际电工委员会标准(IEC 60825)、美国国家标准协会标准(ANSI Z136)和欧盟标准(EN 60825)等,必要时还可以使用日本工业标准(JIS C 6802)、美国装置与放射卫生中心标准(CDRH)、职业安全与健康管理局国际组织标准(OSHA)等。

表 3-3 不同标准辐射危险分类

类别名称	标准					
	JIS C 6802	EN 60825	GB 7247	IEC 60825	ANSI Z136	CDRH
	日本	欧洲	中国	国际通用	美国	美国
1 类	对人眼和皮肤没有任何伤害的激光					
1M 类	除了用光学仪器观察外,都没有辐射伤害的激光				无	
1C 类	适用于医美激光产品,光束直射可能达到 3R、3B 或 4 级水平		无			
2 类	有 0.25 s 的瞬时保护,但是容易引起炫目,闪光盲和视后像现象				0.25 s 瞬时反应可以保护眼睛不受伤害,但是重复照射或者长期注视会有危险	
2M 类	除了用光学仪器观察外,安全等级和 2 类一致				无	
3A 类	无				长于 0.25 s 的照射平均功率或单脉冲能量不能大于 0.5 W/0.03 J	用光学仪器观察光束小于 0.25 s 也会有危险
3R 类	损伤风险随着照射持续时间的增加而升高,有意的照射是危险的				无	
3B 类	激光直射,包括镜面反射和少于 0.25 s 的短时照射都是有危险的,AEL 较高的 3B 类产品的漫反射也具有潜在危险,还会引起轻微的皮肤烧伤					
4 类	直射,镜面反射,少于 0.25 s 的短时照射及漫反射都有严重危险,同时会引起火灾,以及再加工过程还会排放其他有害物质					

以上所有标准对激光辐射危险等级划分大致相似,大致都是分为 4 个等级大类,同时在细节的解释和规定上有所区别。

2. 中国国家标准(GB 7247)辐射危险分类

国家标准(GB 7247)将激光辐射危险分为 4 个等级大类,包含 1 类、1M 类、2 类、2M 类、3R 类、3B 类和 4 类等 7 个等级小类,与国际电工委员会标准(IEC 60825)分类名称一致,但对各类激光的危害有了更详细的解释,意在通过类别的划分增加相应的保护措施来减少激光辐射危害。该标准适用于 180nm～1 mm 激光产品的激光辐射安全要求。

3. 国际电工委员会标准(IEC 60825)辐射危险分类

国际电工委员会标准(IEC 60825)辐射危险分类是国际上衡量激光产品安全性的主要标准之一,它的分类方法基于包括光束发散角、激光类型、发射持续时间、限制孔径等参数的综合计算结果,还添加了各类激光产品的观察条件,并与美国国家标准协会标准(ANSI Z136)进行了部分内容的相同置换,在实际应用中,我们可以通过了解 GB 7247 来了解它。

4. 美国国家标准协会标准(ANSI Z136)辐射危险分类

美国国家标准协会标准(ANSI Z136)将激光产品划分为 4 个等级大类,包含 1 类、2 类、3a 类、3b 类和 4 类等 5 个等级小类,分类标准取决于激光引起生物损害(主要是眼睛和皮肤损伤)的可能性,具体分类根据连续时间或重复脉冲激光的曝光时间、激光波长和平均功率及脉冲激光的每脉冲总能量计算确定,用 AEL(眼镜/皮肤所承受的最大激光辐射值)来划定不同等级的激光。

另外,美国食品和药物管理局(FDA)也对消费类激光产品(包括激光笔、激光演示、激光显示、CD、DVD 播放机、CD-ROM、激光打印机等)确认了相应分类标准,分类方法与 ANSI Z136 标准类似。美国装置与放射卫生中心(CDRH)是 FDA 的监管局,美国国会授权 CDRH 规范激光产品性能安全,所有激光产品都必须遵守被称为联邦激光产品性能标准的 FLPPS,按照类似于 ANSI Z136 标准分为 I 级、II 级、IIIa 级、IIIb 级和 IV 级。

5. 日本工业标准(JIS C 6802/ EN 60825)辐射危险分类

日本工业标准(JIS C 6802/EN 60825)将激光产品分为 4 个等级大类,包含普通 1 类、1M 类、1C 类、2 类、2M 类、3R 类、3B 类和 4 类等 8 个等级小类,欧洲 EN 60825 标准中的分类与 JIS C 6802 一致。

日本工业标准(JIS C 6802)是基于国际电工委员会标准(IEC 60825)对激光辐射危险的分类方式,两者在大类的解释上都完全一致,日本工业标准(JIS C 6802)只是添加了一个 1C 类别。

(二)辐射危险分类理论依据

1. 最大允许照射量

最大允许照射量(maximum permissible exposure,MPE)是指正常情况下人体器官(一般指眼睛和皮肤)受到激光照射即刻或长时间后无损伤发生、不会产生不良后果的最大激光辐射水平。MPE 与激光输出功率或能量、激光辐射波长、激光辐射时间、激光光束尺寸等有关。标称眼睛受害距离(nominal ocular hazard distance,NOHD)、光密度(optical density,OD)和可达发射极限(accessible emission limit,AEL)等指标都是由 MPE 计算得出的。

常用激光产品的眼部和皮肤最大允许照射量与辐照时间如表 3-4 所示。

表 3-4　常用激光产品的眼部和皮肤的 MPE 列表和辐照时间

激光器类型	作用部位	MPE/(W/cm^2)	激光辐照时间/s
CO_2 激光器	眼睛	0.1	10
	皮肤	0.1	10
可见光激光器	眼睛	2.55×10^{-3}	0.25
Nd:YAG 激光器	眼睛	0.005	10
	皮肤	1.0	10

2. 可达发射和可达发射极限

可达发射(accessible emission,AE)是指在某个位置使用孔径光阑(AEL 以 W 或 J 为单位)或限制孔径(AEL 以 W/m^{-2} 或 J/m^{-2} 为单位)根据标准规定测定的辐射量。可达发射极限(accessible emission limit,AEL)是指激光产品安全范围内所允许的最大可达发射。通过可达发射与可达发射极限,可以确定激光产品的安全级别。

3. 标称危害距离(或区域)

标称危害距离(nominal hazard distance,NHD)是指在正常观察下,无论直射、反射或散射光束辐照度或辐照量等于相应最大允许照射量(MPE)的距离。如果 NHD 包括通过光学辅助器观看激光束则定义为"扩展 NHD"。

标称危害区域(nominal hazard zone,NHZ)是指在正常观察下,无论直射、反射或散射光束辐照度或辐照量超过相应最大允许照射量(MPE)的区域,其中包括可能出现的激光束意外指错方向的情况。如果 NHZ 包括通过光学辅助器观看激光束的可能性,则定义为"扩展 NHZ"。

(三)激光产品辐射危险概述

1. 第 1 大类激光产品辐射危险概述

1)辐射危险产品分类

综合上述主要激光产品辐射危险标准的内容,第 1 大类激光产品输出激光功率小于 0.5 mW,可以分为普通 1 类、1M 类和 1C 类三个小类。

2)普通 1 类辐射危险产品

激光产品不论何种条件下对眼睛和皮肤都不会造成伤害,即使在光学系统聚焦后也可以利用视光仪器直视激光束,该产品又可称为无害免控激光产品。

3)1M 类辐射危险产品

1M 类辐射危险产品的波长为 302.5～4000 nm,在合理可预见的情况下操作是安全的,但若利用视光仪器直视光束(如使用双筒望远镜)便可能会造成危害。

对于 400～700 nm 的波长,操作者不允许接触超过 2 类 AEL 的辐射水平,并且在此波长范围之外的任何激光辐射必须低于 1 类 AEL。

4)1C 类辐射危险产品

1C 类辐射危险产品是日本工业标准(JIS C 6802)特有的分类标准,主要是指美容/医美激光仪器和激光电视及激光投影显示产品,这类产品激光会直接照射人的身体组织,会对人的眼睛和皮肤带来潜在伤害,如皮肤的光化学危害和热危害,眼睛晶状体、视网膜的近紫外光和蓝光光化学危害及热危害等。

2. 第 2 大类激光产品辐射危险概述

1)辐射危险产品分类

综合上述主要激光产品辐射危险标准的内容,第 2 大类激光产品输出激光功率为 0.5～1 MW,有普通 2 类和 2M 类两个小类,该产品又称为低功率激光产品。

2）普通 2 类辐射危险产品

普通 2 类辐射危险产品的波长为 400～700 nm，在一般情况下，人眼的回避反应（俗称眨眼，大约需要 0.25 s 的及时反应时间）能避免激光辐射伤害，但是如果反复低于 0.25 s 的直射或者有意注视光束也是具有潜在危害的，容易引起人眼炫目、闪光盲和视后成像（人眼受刺激时看到的图像不会在短时间内消失）等现象，所以应该避免直视激光束或将激光束指向他人。

3）2M 类辐射危险产品

2M 类辐射危险产品和 1M 类有类似的特点，偶尔看一下不至造成眼睛损伤，但可视激光会导致人的晕眩，不要在光束内直接观察激光或直接照射眼睛，同时避免用放大镜或者望远镜观察激光。

3. 第 3 大类激光产品辐射危险概述

1）辐射危险产品分类

综合上述主要激光产品辐射危险标准的内容，第 3 大类激光产品输出激光功率为 1～500 MW，可以分为 3R 类（ANSI Z136 标准称为 3a 类）和 3B 类（ANSI Z136 标准称为 3b 类）两个小类，又可称为中功率激光产品。

2）3R 类辐射危险产品

3R 类辐射危险产品的波长为 302.5～1060 nm，输出激光功率为 1～5 MW。在 400～700 nm 的波长范围内，3R 类激光产品的 AEL 在 2 类 AEL 的 5 倍之内，则在该范围之外的波长在 1 类 AEL 的 5 倍之内。3R 类辐射危险产品具有潜在危险，应该避免用放大镜或者望远镜观察激光。

3）3B 类辐射危险产品

3B 类辐射危险产品输出激光功率为 5～500 MW，直视激光束会造成眼睛损伤，但激光非聚焦、漫反射时一般无危险，对皮肤无热损伤，使用此类激光产品时要佩戴激光防护眼镜。

4. 第 4 大类激光产品辐射危险概述

1）辐射危险产品分类

综合上述主要激光产品辐射危险标准的内容，第 4 大类激光产品只有一个小类，输出激光功率大于 500 MW，又可称为大功率激光产品。

2）4 类辐射危险产品

4 类辐射危险产品不但直射、反射光束对眼和皮肤损伤相当严重，漫反射光也可能给人眼造成损伤并可灼伤皮肤，扩散反射也有危险。激光辐射甚至可以点燃被加工材料，通过与靶材相互作用产生有害辐射和有害烟尘。

使用此类激光产品时不但要佩戴激光防护眼镜，还必须配合其他更严格的辐射防护措施以防止光束相互作用的危险。

激光辐射安全防护的原则是：激光设备应该具有完善的激光辐射防护装置、工作场地应该具备全面的激光防护措施，相关人员应该具备良好的激光辐射防护知识和防护装备，三者缺一不可，应该特别注意。

三、激光产品辐射危险防护方法

（一）个人（操作者）防护方法

1．正确佩戴激光防护眼镜

1）激光防护眼镜类型

激光防护眼镜有吸收型激光防护眼镜、反射型激光防护眼镜、复合型激光防护眼镜、爆炸型激光防护眼镜和非线性新材料激光防护眼镜等几个大类，市面上常见的是吸收型和反射型激光防护眼镜，如图 3-8 所示。

图 3-8　常用激光防护眼镜类型

反射型激光防护眼镜是在基底光学材料外表镀以多层的反射介质层，主要优点是可见光透过率高、主要缺点是可适应的激光波长较窄、反射介质层易脱落发生危险。吸收型激光防护眼镜是在基底光学材料内部添加特种吸收剂，其主要优点和主要缺点正好和反射型激光防护眼镜相反，可适应的激光波长较宽、外表不怕磨损但可见光透过率低。

2）激光防护眼镜防护波长

图 3-9 所示的为单光谱吸收式激光防护眼镜示意图，从图中我们可以看出，该眼镜防护波长是 1064 nm，适用 YAG 激光器/光纤激光器等特定波长的激光器。

【产品名称】：激光防护眼镜

【产品型号】：SKL-G11

【防护波长】：1064 nm

【光密度OD】：4+

【可见光透过率】：85%

【防护特点】：吸收式

【产品特点】：负戴舒适、美观

图 3-9　单光谱吸收式激光防护眼镜示意图

图 3-10 所示的为多光谱吸收式激光防护眼镜主要参数示意图，该激光防护眼镜能够适用 266 nm/355 nm 紫外激光器、488～514.5 nm Ar 离子激光器、441.6 nm 准分子激光器 He-Cd、532 nm 倍频 Nd：YAG 激光器、1064 nm YAG 激光器和 800～1100 nm 可调谐的半导体激光器在内的多种激光器的防护需求。

防护波段:190～540 nm/800～1100 nm　　　可见光透过率:VLT2 45％

光密度 OD:4～7

适用激光器及波长:

紫外激光器	266 nm/355 nm 等	OD＝4～7
Ar 离子激光器	488～514.5 nm	OD＝4～7
准分子激光器 He-Cd	441.6 nm	OD＝4～7
倍频 Nd:YAG 激光器	532 nm	OD＝4～7
YAG 激光器	1064 nm	OD＝4～7
可调谐的半导体激光	800～1100 nm	OD＝4～7

图 3-10　多光谱吸收式激光防护眼镜主要参数示意图

3）激光防护眼镜光密度（OD）

OD 是英文 optical density 的首字母缩写,它用 10 的指数次方的数值来表示某种材料对某种波长的光线衰减能力,是一个无量纲的数值,可以用透光率测量仪来测量。它有 0～7 共 8 个等级,OD 数值越大表示激光防护能力越强。

图 3-9 所示的激光防护眼镜 OD＝4＋,表示 1064 nm 的激光透过该激光防护眼镜后激光衰减 $1/10^4$,只有 0.01％（万分之一）的激光透过了镜片。图 3-10 所示的激光防护眼镜 OD＝7＋,表示只有千万分之一的激光透过了镜片,防护等级非常高。

4）激光防护眼镜可见光透过率

激光防护眼镜对激光具有良好的防护效果,但同时也会遮挡一部分可见光。可见光透过率（visible light transmittance,VLT）是操作者佩戴激光防护眼镜后观察外部明亮程度的重要参数。多数用户希望获得较高的可见光透射率,如当 VLT＞50％时,便于肉眼直接观察激光设备调试和激光加工过程。少数用户要求较低的可见光透过率,如在高功率激光加工时可见光过于强烈,推荐采用透射率＜50％甚至＜30％型号的激光防护眼镜,以达到保护眼睛的最佳效果。

若可见光透过率数值低于20％,需要提供良好的设备操作照明环境。图 3-9 所示的激光防护眼镜可见光透过率为85％,人在佩戴激光防护眼镜后视线良好。图 3-10 所示的激光防护眼镜可见光透过率为45％,人在佩戴激光防护眼镜后视线一般。

5）激光防护眼镜的选择原则

选择激光防护镜时,首先根据所用激光器的最大输出功率（或能量）、光束直径、脉冲时间等参数确定激光输出最大辐照度或最大辐照量,然后按相应波长和照射时间的最大允许辐照量（眼照射限值）确定眼镜所需最小光密度,适当考虑人员是否佩戴近视眼镜、面部轮廓形状结构、挑选的激光防护眼镜可见光透过率和外形,最后考虑激光防护眼镜价格等因素来选取合适防护镜。

6）激光防护眼镜的失效方式

激光防护眼镜的失效方式主要包括波长选择不匹配；激光辐射强度超过滤镜材料损伤阈值；防护眼镜污染、自身损伤及老化，如镜面划痕、裂纹、油污、水珠、指纹等；激光辐射过饱和吸收等原因。

激光辐射过饱和吸收是指激光辐照的功率密度超过材料的某个阈值时，由于滤镜材料的光弛豫时间较长，来不及返回基态吸收入射光子，导致滤镜 OD 下降的现象。

2. 正确穿戴激光防护服

1）激光防护服类型

在高功率激光切割、激光焊接等场合，不但要正确佩戴激光防护眼镜，还要正确穿戴激光防护服以降低激光辐射对人体组织造成的直接或间接损害。

常用的激光防护服包括防护夹克、防护裤、防护大衣、防护连体套装和防护围裙等，如图3-11 所示。特定激光防护服包括防护头套、防护帽和防护手套等，如图 3-12 所示。

图 3-11 常用激光防护服类型实例

图 3-12 特定激光防护服类型实例

2）激光防护服选择

激光防护服是由特殊纤维材料制作的，可以满足 180～11000 nm 波长的激光防护需求，一般为黑色，在防止激光辐射的同时还有耐火、绝热功能。除了尺寸大小合适以外，选择激光防护服时主要应该考虑是否满足所在行业的激光辐射防护和阻燃性能标准的要求。

图 3-13 所示的为个人穿戴好激光防护服后的效果示意图。如果正确佩戴激光防护眼镜和正确穿戴激光防护服后仍然不能满足激光防护的要求，还可以选用激光防护面罩以加强激光辐射防护工作。

与普通服装相比，激光防护服洗护也有特定的注意事项，如图 3-14 所示。

图 3-13　个人激光辐射防护方法示意图

图 3-14　激光防护服洗护注意事项

（二）区域（场所）防护方法

1. 区域（场所）防护方法概述

在激光加工、光学实验、医院和激光美容诊所等场所使用 3B 类及 4 类激光设备过程中，周围经常有工作人员或参观人员走动，通过安装固定式或可移动式激光防护帘（防护板、防护屏）或类似装置将激光设备所在区域进行永久或暂时的有效隔离，减少区域内的激光反射、散射和漫散射，保护人员免受激光辐射伤害的方法我们简称为激光辐射区域（场所）防护方法。

辐射区域（场所）防护要注意以下问题：第一，激光装置全波长防护范围一般为 190～11000 nm；第二，不同功率激光应用要设置多个防护等级系列；第三，防护材料应耐热、阻燃、抗磨损、抗穿刺及抗撕裂；第四，根据使用设备安全要求正确划定区域（场所）范围；第五，防护方法必需满足 GB 7247、GB 18490 及 IEC/EN 60825 等相关标准要求；第六，考虑满足洁净室等某些特定的使用要求。

2. 激光防护产品

1）激光防护帘

从外形上分类，激光防护帘有一字形和 L 形两个大类，如图 3-15 所示。从结构上分类，激光防护帘有卷帘和拉帘两种形式，如图 3-16 所示。

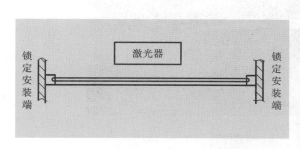
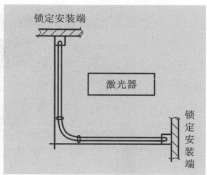

图 3-15 激光防护帘外形分类

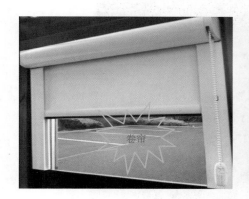
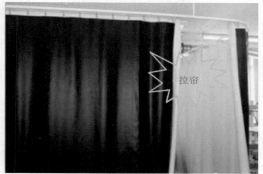

图 3-16 激光防护帘基本产品

2）其他激光防护产品

将激光防护基本产品应用在不同类型的结构上可以形成扩展系列产品，如防护屏、防护罩及防护房等，如图 3-17 所示。

3. 激光安全光栅概述

1）安全光栅工作原理

某些具有潜在风险的设备上装有安全光栅，如图 3-18 所示。冲压裁切设备上的安全光栅按保护需求接好电源与控制线后，发光器发射红外光而形成保护光幕。当没有物体通过光栅保护光幕区域时，设备正常工作。当有物体（如人手及躯干）通过光栅保护光幕区域时，设备停止运转或报警，达到保护作业人员的目的。

2）激光安全光栅

激光安全光栅是在无须改变激光器工作状态下可以控制激光光束的器件，该器件一般和束流收集器一起使用，如图 3-19 所示。

激光安全光栅通电后有两个工作状态：第一个状态是光栅功能关闭，允许激光通过；第二个状态是光栅功能打开，切断激光光路。工作状态转换可以人工完成，也可以通过图 3-20所示的激光安全互锁系统来进行自动转换。

（a）激光防护屏实例

（b）激光防护罩实例

（c）激光防护房实例

图 3-17　激光防护产品实例

资料来源：赫耐 HENAI.激光安全防护一站式解决方案激光区域防护产品手册。

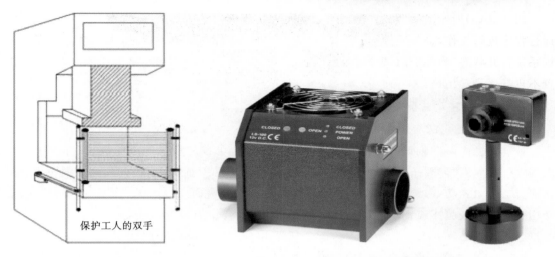

图 3-18 安全光栅工作原理

图 3-19 激光安全光栅和束流收集器外形示意图

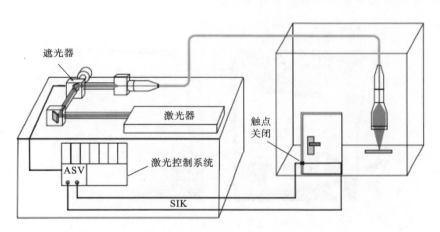

（a）激光安全互锁系统闭合状态

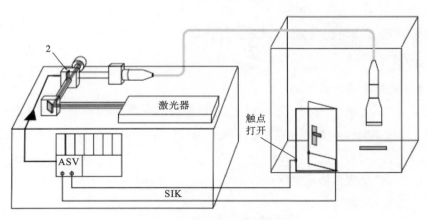

（b）激光安全互锁系统打开状态

图 3-20 激光安全互锁系统外形示意图

图 3-20(a)所示的为激光安全互锁系统闭合状态。当保护门关闭时,激光器按照预设的运行程序进行工作,或按照操作者手动操作指令进行工作。图 3-20(b)所示的为激光安全互锁系统打开状态,当保护门打开时,遮光器通过控制系统中的 ASV 电路板关闭光路,加工位置不再有激光输出。

4. 被动式/主动式激光防护装置概述

1)被动式激光防护装置

被动式激光防护装置依靠足够强度的材料去抵抗可预测激光外露的最长时间,时间一般为 10～100 s。当激光功率＞1 kW 时,小直径的激光束将会在很短时间内烧穿钢铁甚至是防火砖。当激光功率＞5 kW 时,大直径激光束也有烧穿混凝土的可能。要确保安全必须要使用更厚的钢板墙体或者建造更大尺寸的房间,这都会使加工设备的防护装置变得笨重且昂贵。

2)主动式激光防护装置

主动式激光防护系统包含带探头的感应板、控制系统、带探测模块的联锁系统、警示灯、激光准备按钮、急停按钮等主要部件,如图 3-21 所示。

带探头的感应板

图 3-21 主动式激光防护装置示意图

主动式激光防护装置上带探头的感应板一旦探测到有激光照射,就会在较短时间内通过控制系统关闭激光器电源,使加工设备的防护装置变得简单且廉价。

（三）激光光斑测量和观察常用工具

1. 测量和观察常用工具概述

在激光设备安装调试过程中,需要连续、方便和长时间地使用仪器或通过肉眼观察激光光斑的大小、形状和光斑质量,需要使用各类激光(光斑)观察卡、看光板、光斑相纸、光阱等常用工具。

2. 激光(光斑)观察卡使用说明

1)激光(光斑)观察卡外形

激光(光斑)观察卡又可以称为倍频片、看光板、看光卡等,外形结构根据使用场所不同可以有许多变种,如图 3-22 所示。

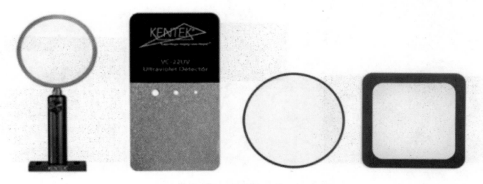

图 3-22　激光(光斑)观察卡示意图

从正面看,激光(光斑)观察卡大小类似于银行信用卡,分为具有测量功能的光敏区和不具有测量功能的参数区两个部分。

激光(光斑)观察卡使用时有需要充电和不需要充电两种类型。值得注意的是,所有的激光(光斑)观察卡都不能用作激光遮挡模块长期使用。

2) 激光(光斑)观察卡主要参数

激光(光斑)观察卡主要参数有吸收光谱范围和损伤阈值两类,前者对应可测量激光波长,后者对应可测量激光功率,如表 3-5 所示。

表 3-5　激光(光斑)观察卡主要参数

规格	LS1-1(1)	LS1-2(1)	LS1-3(1)	LS1-1(2)	LS1-2(2)	LS1-3(2)	LS1-1(4)	LS1-2(4)	LS1-3(4)
聚合物类型	IR-1			IR-2			IR-4		
有效区域/mm²	250×250	200×200	150×150	250×250	200×200	150×150	250×250	200×200	150×150
吸收光谱范围 /μm	0.75～1.5			0.75～2.13+			0.78～1.07;1.45～1.64		
损伤阈值 /(MW/cm²)	>700			>700			>700		
波长敏感度 /(μW/cm²)	<6(@808 nm), <2(@960 nm), <250(@1470 nm)			<20(@808 nm), <20(@960 nm), <2(@1550 nm), <500(@1940 nm)			<2(@808 nm), <0.175(@960 nm), <100(@1550 nm)		
发射光颜色	橘黄色			红色			绿色		
是否充电	是			是			是		

3. 热敏光斑相纸使用说明

热敏光斑相纸是快速观察激光光束的形状、模式、密度、发散和能量分布的理想工具,从紫外到红外的光谱范围内灵敏度都非常高,特别适用从飞秒(fs)到 50 毫秒(ms)的脉冲激光并可长期保存,在激光光斑测量中可以使用相纸夹持器或直接手持测量,如图 3-23 所示。

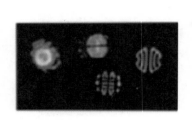

图 3-23　热敏光斑相纸使用示意图

图 3-24　激光光阱外形示意图

4. 激光光阱使用说明

1）激光光阱及其外形识别

激光光阱是使进入的激光无法逃出的装置简称，一般使用黑色无反射表面消除杂散光，使得激光在光阱里得到完全吸收，常用来作为激光功率和能量的测量装置使用，可安装在封闭箱体中或光学平台上且用支架固定，如图 3-24 所示。

2）激光光阱类型与选择

常用激光光阱有空冷型和水冷型两类，前者适用于平均功率 0～50 W 的激光光束，后者适用于平均功率 0～1000 W 的激光光束。对于连续激光（CW）平均功率＞50W 的激光器，建议选择水冷型激光光阱。

脉冲激光的平均功率可以用

$$平均功率＝单个脉冲的能量×脉冲重复频率$$

进行计算，如脉冲激光的能量为 10 J，重复频率为 60 Hz，则

$$平均功率＝10×60 W＝600 W$$

大多数情况下，空冷型和水冷型光阱的安全功率密度建议为 150 W/cm²，但对准分子、红宝石和 CO_2 激光器建议采用较低的安全功率密度 100W/cm²。

（四）激光产品及场地安全标志

1. 安全标志基础知识

1）安全标志颜色

红色传递禁止、停止、危险信息，用于禁止标志、停止信号、车辆上的紧急制动手柄等场合。黄色传递注意、警告信息，用于警告警戒标志、行车道中线等。蓝色传递必须遵守规定的指令性信息，用于指令标志。绿色传递安全的状态信息，用于提示标志、行人通行标志和车辆通行标志等。

2）安全标志分类

安全标志由图形符号、安全色、几何形状（边框）或文字构成，如图 3-25 所示。主要安全标志有四类：禁止标志不准或制止人们的某些行动，几何图形是带斜杠的圆环，用红色圆环与斜杠相连，黑色符号、白色背景；警告标志警告人们可能发生的危险，几何图形是黑色的正三角形、黑色符号和黄色背景；指令标志表示人们必须遵守的指令，几何图形是圆形、蓝色背景、白色符号；指示标志示意目标的方向、动作，几何图形是方形、绿色背景、白色符号及文字。

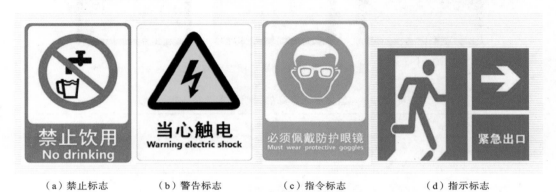

（a）禁止标志　　　　（b）警告标志　　　　（c）指令标志　　　　（d）指示标志

图 3-25　主要安全标志示意图

补充标志是对前述四种主要标志的补充说明，也称为说明标志，常常和主要标志放在一起使用。横写补充标志为长方形，一般写在主标志的下方，可以和主标志连在一起也可以分开。横写，用于禁止标志的用红底白字，用于警告标志的用白底黑字，用于指令标志的用蓝底白字，用于指示标志的用绿底白字。竖写，补充标志一般写在标志杆上部，均为白底黑字。

2. 激光辐射警告标志

激光辐射警告标志由正三角形外框中一个同心圆和从该同心圆向外呈太阳辐射状的一条长线、若干中长线和短线（1 条长线，11 条中长线，12 条短线，共计 24 条）组成，位于激光加工设备激光输出处。用于有激光产品和生产、使用、维修激光产品的场所，如图 3-26 上半部分所示。

在激光辐射警告标志下方可以加注一系列按照标准规范书写的说明标志，说明标志比同类警告标志略大，如图 3-26 下半部分所示。

3. 激光产品辐射分类说明标志

激光产品辐射分类说明标志为带说明文字的长方形，位于激光制造设备激光输出处。说明标志的颜色衬底为黄色，边框、符号和文字的颜色为黑色，文字的字体为黑体，在规定的区域内尽可能选用大的字号，最小字号的大小必须能复制清楚。说明标志制作材料应满足不同使用环境要求，避免使用光照脱色和易燃材料。

说明标志文字的内容必须按照不同的激光辐射分级给予说明，详见表 3-6，更详细的说明可以参考《安全标志及其使用导则》（GB 2894—2008）附录。

图 3-26　激光辐射警告标志示意图

表 3-6　常见激光产品的说明标志文字内容

序号	标识分类	说明标志文字内容	标识位置
1	1 类激光产品	1 类激光产品 激光辐射 勿使用光学仪器直接观看	产品上 产品说明书中
2	1M 类激光产品	1M 类激光产品 勿使用双筒望远镜或望远镜观看 接近孔径的皮肤受到照射可引起灼伤	产品上 产品说明书中
3	2 类激光产品	2 类激光产品 激光辐射 勿直视光束	产品上 产品说明书中
4	2M 类激光产品	2M 类激光产品 激光辐射 勿直视或通过光学仪器直接观看光束 勿使用望远镜观看 接近孔径的皮肤受到照射可引起灼伤	产品上 产品说明书中
5	3R 类激光产品	激光辐射 避免眼睛受到直接照射 3R 类激光产品	产品上 产品说明书中
6	3B 类激光产品	激光辐射 避免光束照射 3B 类激光产品	产品上 产品说明书中
7	4 类激光产品	激光辐射 避免眼睛或皮肤受到直射或散射辐射的照射 4 类激光产品	产品上 产品说明书中

序号	标识分类	说明标志文字内容	标识位置
8	激光窗口	激光窗口 激光辐射窗口 避免受到从本窗口射出的激光辐射的照射	发射超过 1 类或 2 类 AEL 激光辐射的每一窗口附近
9	辐射输出和标准说明	划分激光产品类别所依据的标准 名称及其出版日期	在说明标记上或者在产品上
10	挡板标记	注意—打开时有 1M 类激光辐射； 勿通过光学仪器直接观看光束； 注意—打开时有 2 类激光辐射； 勿直视光束； 注意—打开时有 2M 类激光辐射； 勿直视或通过光学仪器直视光束； 注意—打开时有 3R 类激光辐射； 避免眼睛受到直接照射； 注意—打开时有 3B 类激光辐射； 避免光束照射； 注意—打开时有 4 类激光辐射； 避免眼睛或皮肤受到直射或散射辐射的照射	每个接头、防护罩上的每块挡板及防护围封的每块通道挡板
11	安全联锁板标记	联锁失效	可能使人员接触超过 AEL 激光辐射的每块安全联锁板
12	可见激光辐射警告/不可见激光辐射警告	可见激光 不可见激光辐射	激光产品的输出处

4. 激光辐射窗口标志

激光辐射窗口标志与激光产品辐射分类说明标志类似,为带说明文字的长方形,其说明文字略有区别,如图 3-27 所示。

图 3-27　激光辐射窗口标志示意图

5. 设备铭牌标志

设备铭牌标志标明设备的主要参数和设备的出厂编号。铭牌标志一般位于激光设备背面,如图 3-28 所示。

图 3-28　设备铭牌标志示意图

6. 安全认证标志

产品制造商生产的产品必须通过所在国权威安检机构的安全认证,符合行业标准和各国安全规范的要求。对于出口产品,还应获得相应的出口所在国产品认证,如图 3-29 所示。

国家 Country	认可标志 Mark	国家 Country	认可标志 Mark
中 国 China	ⒸⒸⒸ CQC CB	法 国 France	NF
欧 洲 Europe	CE En/en ⟪⟫xx	荷 兰 Holland	KEMA KEUR
德 国 Germany	VDE △ GS	瑞 士 Switzerland	+S
美 国 USA	UL FC ETL	奥地利 Austria	ÖVE
日 本 Japan	PSE PSE S	意大利 Italy	ⓜ

图 3-29　世界主要国家和地区安全认证标志示意图

图 3-29 中,CCC 是中国强制认证标志,CE 是欧洲强制认证标志,UL 是美国保险商实验室认证标志,VDE 是德国电气工程师协会认证标志,PSE 是日本电气用品认证标志。

总结起来,对所有可能达到 2 类或以上的激光产品,每台设备必须同时具有激光辐射警告标志、激光辐射窗口标志、激光产品辐射分类说明标志和铭牌标志,如果产品要出口到其他国家,还需要有产品安全认证标志。

7. 激光加工场地说明标志

激光加工场地说明标志与设备的说明标志类似,都是带说明文字的长方形,如图 3-30所示。

说明文字的内容按照不同的辐射分类给予相应的说明,详见《安全标志及其使用导则》(GB 2894—2008)附录。

总结起来,对所有 3 类和 4 类激光产品工作的场所都必须有激光安全标志,可以单独使用激光警告标志或者同时使用激光警告标志与激光辐射场所安全分类说明标志,此时激光

图 3-30 激光加工场地说明标志

辐射场所分类说明标志应置于激光警告标志的正下方。

8. 激光加工场地使用安全标志的要求

（1）标志应醒目，并使员工有足够的时间来注意它所表示的内容。

（2）标志不应设在门、窗、架等可移动的物体上。标志前不得放置妨碍认读的障碍物。

（3）标志平面与视线夹角应接近 90°，观察者位于最大观察距离时，最小夹角不低于 75°，如图 3-31 所示。

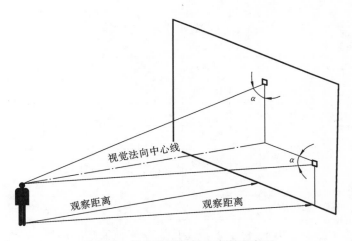

图 3-31 标志平面与视线夹角示意图

（4）多个标志在一起设置时，应按警告、禁止、指令、提示类型的顺序先左后右、先上后下地排列。

永久性的激光防护区域应在出入口处设置激光安全说明标志，由活动挡板防护栏围成临时防护区。必须在每一块构成防护围栏和隔挡板的可移动部位或检修接头处设置激光安全标志。

激光安全标志至少每半年检查一次，如发现有褪色、破损、变形等现象时应及时修整或更换，在修整或更换激光安全标志时应有临时的标志替换，以避免发生意外的伤害。

【**任务实施**】

（1）制订项目 3 任务一工作计划，填写项目 3 任务一工作计划表（见表 3-7）。

表 3-7　项目 3 任务一工作计划表

1. 任务名称			
2. 搜集整理项目 3 任务一课外书、网站、公众号	(1)	课外书	
	(2)	网　站	
	(3)	公众号	
3. 搜集总结项目 3 任务一主要知识点信息	(1)	知识点	
		概　述	
	(2)	知识点	
		概　述	
	(3)	知识点	
		概　述	
	(4)	知识点	
		概　述	
	(5)	知识点	
		概　述	
4. 搜集总结项目 3 任务一主要技能点信息	(1)	技能点	
		概　述	
	(2)	技能点	
		概　述	
	(3)	技能点	
		概　述	
5. 工作计划遇到的问题及解决方案			

（2）完成项目 3 任务一实施过程，填写项目 3 任务一工作记录表（见表 3-8）。

表 3-8　项目 3 任务一工作记录表

工作任务	工作流程		工作记录
1.	(1)		
	(2)		
	(3)		
	(4)		
2.	(1)		
	(2)		
	(3)		
	(4)		

工 作 任 务	工 作 流 程		工 作 记 录
3.	(1)		
	(2)		
	(3)		
	(4)		
4. 实施过程遇到的问题及解决方案			

【任务考核】

（1）培训对象完成项目 3 任务一以下知识练习考核题。

① 利用课内外教材、网站、公众号等资源，搜集整理激光生物效应的相关信息，填写表3-9。

表 3-9　激光生物效应相关信息

序号	名称	对人体的主要作用功能
1		
2		
3		
4		
5		

② 写出激光加工设备辐射危险分类的主要依据和特征。

③ 写出激光辐射对人体的主要危害和主要预防措施，填写表 3-10。

表 3-10　激光辐射主要危害和主要预防措施

序号	主要危害	主要预防措施
1		
2		

④ 判断激光设备安装调试时操作者的以下动作是否符合安全操作规范，如果不符合，简要分析错误的原因。

（a）在调整激光设备光路中某个光学元件时，操作者为了避免激光束直接照射到自己或同事，直接改变光路使激光先照射到墙上再调整这个光学元件。

（b）在工作岗位上站着操作者，将激光束向上反射时可能会射入眼睛或对皮肤造成伤害，所以可以让光束向下反射避免伤害。

（c）在设备光路调节中，激光光束不一定要调到光学元件中心部位，只要能被下一个光学元件接收到就可以。

（d）在调节光路时为了更清楚地看清激光光束，应该使房间尽量暗一些。

（e）由于操作者眼睛近视佩戴了眼镜，在调试激光光路的时候佩戴两个眼镜不太方便，所以可以不佩戴激光防护眼镜。

（f）操作者进行光路调试时发现找不到自己的激光防护眼镜，看到桌子上有别人的防护眼镜就直接拿来给自己戴上后，开展工作。

（g）用激光观察卡观察光束在元件上的位置时拿稳观察卡，使激光持续照在观察卡的同一位置上，以确保看清光束在观察卡上的对应位置。

（h）在安装反射镜及透镜等光学元件时，为了避免安装太紧可能会使光学元件变形而影响光路，应尽可能地把螺丝拧得松一些。

（i）由于加工场地的警告标志脱落，大家都是相互熟悉的同事，知道里面有激光设备，所以不用贴新的警告标志。

（j）在进入激光加工场地时戴手表、项链等物件，未穿工作服。

⑤ 根据《安全标志及其使用导则》（GB 2894—2008）总结通用安全标志分类与激光安全标志的相关信息，填写表 3-11。

表 3-11　安全标志分类相关信息

通用安全标志类别			激光安全标志类别
分类	名称	功能	
1			
2			
3			
4			

（2）培训对象完成项目 3 任务一以下技能训练考核题。

① 某公司即将购入一套高功率的 4 类激光器，该激光器发射脉冲宽度为 1 μs，重复频率为 500 Hz 的脉冲，输出波长为 694 nm。作为公司的激光安全员，请你利用课内外教材、网站、公众号等资源，做一套完整的激光器安全使用方案。

② 利用课内外教材、网站、公众号等资源，为一个输出功率为 50 MW、输出波长为 632.8 nm 的 3B 类连续 He-Ne 激光器查找完整的出厂标志图样。

标志 1　　　　　　　　　　　　　标志 2

标志 3　　　　　　　　　　　　　标志 4

标志 5　　　　　　　　　　　　　标志 6

③ 利用课内外教材、网站、公众号等资源,为一台功率为 10 W、波长为 800 nm 的飞秒激光器购买一个合适的激光防护眼镜,并填写表 3-12。

表 3-12 采购激光防护眼镜

制造商资料		技术参数指标	
厂名		最大辐照量	
商标		防护波长	
地址		最小光密度	
外形		可见光透过率	
价格		眼镜材料类型	
联系人与联系方式			

(3) 培训教师和培训对象共同完成项目 3 任务一考核评价,填写考核评价表(见表 3-13)。

表 3-13 项目 3 任务一考核评价表

评价项目	评价内容	权重	得分	综合得分
专业知识	知识练习考核题完成情况	40%		
专业技能	技能训练考核题完成情况	40%		
综合能力	培训过程总体表现情况	20%		

任务二 机械和电气的危险与防护

【学习目标】

知识目标

1. 了解激光设备机械危险知识
2. 掌握激光设备机械安全措施
3. 了解激光设备电气危险知识
4. 掌握激光设备电气安全措施

技能目标

1. 识别激光设备机械危险防护装置
2. 识别激光设备电气危险防护装置

【任务描述】

激光设备的机械危险和电气危险在大部分激光行业标准和厂家的设备说明书里都是简

单说明,如图 3-32 所示。进一步研究我们发现,上述两类危险在相关的行业标准中有详细解读,如图 3-33 所示。

6.2.7 机械危害

大部分的激光设备自身都能产生机械危害,包括辅助器件,例如气泵,尤其是当激光设备缺乏适当的保护或手工移动时。拖曳的电缆和循环水管能产生绊倒危险。尖锐物体可能造成割伤,例如光纤。遥控运行的光束传输臂和机器人系统能引起严重的伤害。较大的加工件(例如金属片)能产生人工操作问题,例如刀伤、拉伤、挤压伤。

图 3-32　激光相关标准机械危害说明示意图

GB 5226.1—2019　机械电气安全　机械电气设备　第 1 部分:通用技术条件

GB 14048.5—2017　低压开关设备和控制设备　第 5-1 部分:控制电路电器和开关元件　机电式控制电路电器

GB/T 14048.13—2017　低压开关设备和控制设备　第 5-3 部分:控制电路电器和开关元件　在故障条件下具有确定功能的接近开关(PDDB)的要求

图 3-33　机械电气危险标准示意图

为了便于组织和实施防护训练的教学过程,我们把机械和电气两个部分的危险与防护合成一个任务放在一起来讨论。任务二力求通过任务引领的方式对激光设备的机械危险和电气危险做比较完整的知识讲解和典型案例分析,让读者掌握其中涉及的必要知识和主要技能。

【学习储备】

一、激光装置机械危险知识

(一)机械危险基础知识

1. 机械危险定义

机械危险是机械设备及其零部件、工夹具和工作介质对设备本体、操作者和环境造成的各类物理(力学)性危险的总称,如图 3-34 所示。

2. 机械危险分类

1) 设备静止时的可能危险

设备静止时的可能危害是指操作者接触静止设备或与静止设备做相对运动时可引起的危险,如设备表面上的螺栓、吊钩、手柄,毛坯、工具和设备锋利的边缘和粗糙表面,未打磨的毛刺、锐角、翘起的铭牌等产生的危险。

2) 设备直线运动的可能危险

设备直线运动的可能危险是指做直线运动的机械(或部件)所引起的危险,如图 3-35 所示。

设备直线运动的可能危险可分为接近式危险和经过式危险两个大类,接近式危险是指操作者处在直线运动的机械正前方而未及时躲让而受到运动机械的撞击或挤压,如操作者在运动的 X-Y 工作台和机器人附近工作时不注意设备工作范围而受到的意外伤害。经过式

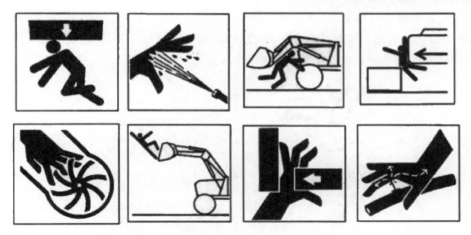

图 3-34　机械危险示意图

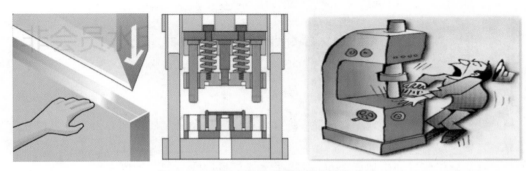

图 3-35　设备直线运动的可能危险示意图

危险是指操作者经过运动的部件引起的危险,如在做直线运动的切割头、焊接头附近工作时操作者受到的意外伤害。

3) 设备旋转运动的可能危险

设备旋转运动的可能危险是指操作者或其衣服被卷进机械旋转部位(如主轴、卡盘、进给丝杠等)可能引起的危险,如图 3-36 所示。

图 3-36　设备旋转运动的可能危险示意图

4）设备飞出物的可能危险

设备飞出物的可能危险是指设备飞出的刀具、机械部件和工件可能造成的危险,如未夹紧的工件、破碎而飞散的切割边角料等造成危险,如图 3-37 所示。

图 3-37　设备飞出物的可能危险示意图

（二）机械危险预防措施

1. 设计制造过程中的预防措施

（1）设备操作位置低于地面 2 m 时,所有危险零部件及危险部位都必须设置机械危险防护装置。

（2）设备操作位置高出地面 2 m 时,除了上述机械危险防护装置以外,还应配置操作台、栏杆、扶手、围板等附加防护装置。

（3）设备设计时必须考虑检查和维修方便,提供专用检修工具或装置。

（4）设备或运动部件应配置可靠的限位装置、制动装置、防止松脱装置及防护网等安全装置。

（5）设备的气、液传动部件应设有控制超压、防止泄漏等装置。

（6）设备控制装置应安装在便于操作者能看到整个设备的操作位置上,设备适当设置紧急事故开关。

上述所有防护装置要求安装牢固、动作可靠,适合设备操作条件,不影响设备调试、润滑、维护和维修。图 3-38 所示的为部分机械防护装置示意图。

2. 安装使用过程中的预防措施

（1）严格按照说明书和技术资料安装设备。

（2）严格按照设备操作规程使用设备。

3. 维护保养过程中的预防措施

（1）认真进行设备日常维护保养,做到开机前和停机后认真检查设备各个部位,保持设备清洁和工况良好。设备发生故障及时排除并做好相关记录。

（2）按时对设备进行一级保养,检查、清洗、调整设备各运动部位。

图 3-38　部分机械防护装置示意图

二、激光设备机械危险预防措施案例

（一）激光设备机械危险主要因素

（1）激光设备及其部件由于安装不稳引起的倾覆危险，拖曳电缆和循环水管时产生绊倒危险。

（2）设备外露部分尖棱、尖角、凸出部分和开口引起的刺伤或扎伤危险，如拆卸光纤时可能造成手指割伤或刺伤。

（3）激光设备上运动零件或工件掉下或甩出引起的危险。

（4）激光设备运动系统引起的人员挤压危险和/或剪切危险，如高速运行、遥控运行的光束传输臂和机器人系统可能打伤人员或设备。

（5）激光加工时吹出的残渣或刚加工的工件引起的烫伤、划伤危险，较大金属加工件可能产生人工操作误动作。

（6）激光设备系统及部件因振动、跌落、坠落或在运动时被甩出引起的危险。

（二）激光设备机械危险预防

（1）设备外形布局具有足够的稳定性，不存在意外倾覆、跌落或移动危险。

（2）设备外露部分不应有引起刺伤和割伤危险的尖棱、尖角、凸出及开口。

（3）设备移动部件应设置可靠的限位装置及安全防护罩。

（4）设备移动部件之间或移动部件与固定部件之间不应存在挤压危险和/或剪切危险。

（5）设备移动部件应设置超负荷保险装置，如可靠的电气、机械双重限位装置等，防止造成滑落的危险并应在设备上（说明书中）标明极限使用条件。

（6）运动区域封闭结构的设备应设置联锁防护装置。装置打开时设备应停止工作或不能启动，防止运动部件高速运行时造成冲撞的危险。

（7）运动区域未封闭结构的设备应设置其他安全防护装置，在危险性较大的部位应考虑采用多重不同安全防护装置，并有可靠的失效保护机制，如高温保护措施，光束终止衰减器、挡板、自动停机机构等光机电多重保护装置。

（8）联锁防护装置打开时，设备应停止工作或不能启动，但通风及排除加工所产生的有害、有毒的气体、烟雾和粉尘的功能不应停止。

图 3-39 所示的为部分个人机械危险防护装备示意图,佩戴隔热手套可防止割伤和烫伤。穿上专业工作防护鞋、佩戴专业安全头盔可防止砸伤。

图 3-39　部分个人机械危险防护装备示意图

(三) 激光设备机械危险案例

1. 事故案例

负责操作激光切割机的技师下班后,老板觉得该设备操作似乎很简单,参数已经设置好了,于是随意叫了一个其他岗位员工过来顶替。

该台激光切割机工作台长度约 8 m,中间有个一人长 3 m 高的箱体,一边是操作者的位置,另一边是进料台,两边相互之间受箱体干扰看不到。事故发生时,一个清洁工阿姨正站在进料台上清理不锈钢碎片,新手员工没有观察对面的情况就按了进料按钮,导致清洁工阿姨下肢被卷进箱体,如图 3-40 所示。幸好新手员工反应较快及时按下停止按钮,但也造成清洁工阿姨脚踝完全骨折,送到医院手术后在医院住了几个月,医疗及赔偿费用相当昂贵。

图 3-40　机械危险案例示意图

2. 解决方案

(1) 设置防护屏限制人员接触区域限位互锁。

(2) 加强安全教育力度。

三、激光设备电气危险知识

（一）电气危险基础知识

1. 电气危险定义

电气危险是指由触电引起的电击、电灼伤、电气爆炸、电弧或者由电能引起的火灾、爆炸等对人员的伤害（包括死亡）和对设备造成的损坏危险总称，如图 3-41 所示。

图 3-41 电气危害（危险）示意图

激光设备电气危险防护由《机械电气安全 机械电气设备 第 1 部分：通用技术条件》（GB/T 5226.1—2019）国家标准规定，它与国际电工委员会的 IEC 60204.1—2016 标准等效，如图 3-42 所示。

ICS 29.020
J 09

中华人民共和国国家标准

GB/T 5226.1—2019/IEC 60204-1：2016
代替 GB 5226.1—2008

机械电气安全 机械电气设备
第 1 部分：通用技术条件

**Electrical safety of machinery—Electrical equipment of machines—
Part 1：General requirements**

(IEC 60204-1：2016，Safety of machinery—Electrical equipment of machines—
Part 1：General requirements，IDT)

图 3-42 机械电气安全国家标准封面示意图

2. 电气危险对人体的伤害作用

1）触电事故

触电事故是指人体触及带电体后电流对人体造成的伤害事故。电流强度越大，人体受到的伤害越大甚至导致死亡危险，如表 3-14 所示。触电后还容易因剧烈痉挛而摔倒并造成摔伤、坠落等二次事故。

表 3-14　电流对人体的伤害作用

电流	伤害作用
0.1～0.2 mA	对人体无害反而能治病
1 mA 左右	引起人体发麻
不超过 10 mA	人体尚可摆脱电源
超过 30 mA	感到剧痛，神经麻痹，呼吸困难，有生命危险
达到 100 mA	只要很短时间就使人心跳停止

2）人体电流强度基础术语

感知电流是指引起人体感知的最小电流，如图 3-43（a）所示。人体平均感知电流有效值为 0.7～1.1 mA，感知电流一般不会对人体造成伤害。

摆脱电流是指人触电后可以忍受但尚能自行摆脱的最大电流，如图 3-43（b）所示。人体平均摆脱电流为 10～16 mA。

致命电流是指在短时间内危及生命的最小电流，如图 3-43（c）所示。

（a）感知电流　　　　　　　（b）摆脱电流　　　　　　　（c）致命电流

图 3-43　感知电流和摆脱电流、致命电流作用示意图

3. 电气危险对物体的损害和对环境的污染

对物体的损害主要包括设备、房屋烧毁、电气装置失灵等，还可引起电气火灾爆炸事故。对环境的干扰污染主要包括电磁污染、雷电等。

（二）激光设备电气危险防护措施要求

（1）电气箱（柜）防护等级符合《机械电气安全 机械电气设备 第1部分：通用技术条件》（GB/T 5226.1—2019）中11.3节规定的一般工业用电柜IP43的规定。

（2）电气箱（柜）电气连接和布线要求符合《机械电气安全 机械电气设备 第1部分：通用技术条件》（GB/T 5226.1—2019）中13.3节规定的电柜内配线和13.4节规定的电柜外配线的规定。

（3）保护连接电路连续性检验符合《机械电气安全 机械电气设备 第1部分：通用技术条件》（GB/T 5226.1—2019）中18.2节规定的用自动切断电源作保护条件的检验规定。

（4）绝缘电阻试验符合《机械电气安全 机械电气设备 第1部分：通用技术条件》（GB/T 5226.1—2019）中18.3节规定的绝缘电阻试验规定，在动力电路导线和保护接地电路间施加500 V直流电压时测得的绝缘电阻不应<1 MΩ。

（5）耐压试验符合《机械电气安全 机械电气设备 第1部分：通用技术条件》（GB/T 5226.1—2019）中18.4节规定的耐压试验的规定，在动力电路导线和保护连接电路之间施加1000 V交流电压在近似1 s时间内不应出现击穿放电。

（6）室内电气设备（包括元器件）预期工作环境空气温度应当为5～40 ℃，当最高温度40 ℃，相对湿度不超过50%时以及当温度20 ℃，相对湿度不超过90%时，设备应能正常工作，同时还应适当设置防护装置防止固体和液体侵入。

（7）设备电源切断后，任何残余电压高于60 V的带电部分，都应在5 s之内放电到60 V或60 V以下，并应在容易看见的位置或装有电容的外壳邻近处，做耐久性警告标志以提醒注意危害。

（8）电气设备的其他安全防护要求应符合《机械电气安全 机械电气设备 第1部分：通用技术条件》（GB/T 5226.1—2019）的规定。

（三）激光器电气安全防护案例

（1）与电网电源导电连接的电路或部件以及与此等同的电路或部件，应保证在正常使用和出现故障两种状态下都能保护人身安全。

（2）在正常工作条件下，设备任意部件的温度升高都不得超过允许温度。检验应在正常工作条件下达到设备工作4 h后的稳定状态进行。

（3）绝缘电阻试验在短路的电源电路（包括与此等同的电路及从外部可接触的所有其他电路与机壳之间）施加500 V直流电压，再测量绝缘电阻所引起的漏电流不应超过100 μA。

（4）电压绝缘强度试验在电路和电路、电路和绝缘设备机壳之间、电路和绝缘保护屏蔽之间的绝缘施加2000 V交流电压保持1 min后在不应出现飞弧或击穿。

（5）泄漏电流试验设备应置于绝缘基座上，用1.1倍的额定供电电压工作，温度趋于稳定，泄漏电流≤5 mA。

（6）保护接地阻抗试验，让额定电流通过保护导体端子或接地触点，或逐个通过每个接触金属部件,泄漏电流≤5 mA。

应该特别注意,激光设备工作时严禁触摸各类电气元器件。激光设备断电后设备中的电容器仍维持储存高能量。在设备检修时,防护装置可能被移除或联锁装置失效,必须密切注意电容器的电气风险。

（四）激光设备电气安全试验概述

按照《机械电气安全　机械电气设备　第1部分:通用技术条件》(GB/T 5226.1—2019)规定,激光设备至少应完成如下三类试验。

1. 保护连接电路连续性检验

保护连接电路连续性检验应按照《机械电气安全　机械电气设备　第1部分:通用技术条件》(GB/T 5226.1—2019)中18.2节用自动切断电源作保护条件的检验规定进行。

2. 绝缘电阻试验

绝缘电阻试验时,在动力电路导线和保护连接电路间施加500 V直流电压时测得的绝缘电阻不应小于1 MΩ。绝缘电阻试验可以在整台设备的单独部件上进行。

设备的某些部件,如母线、汇流线、汇流排系统或汇流环装置,允许绝缘电阻最小值低一些,但不能小于50 kΩ。

如果设备包含浪涌保护器件,在试验期间,该器件可能工作,允许拆开这些器件,或降低试验电压值,使其低于浪涌保护器件的电压保护水平,但不低于电源电压(相对中线)的上限峰值。

3. 耐压试验

耐压试验应使用符合IEC 61180-2要求的设备。试验电压的标称频率为50 Hz或60 Hz。最大试验电压具有两倍的电气设备额定电源电压值或1000 V,施加在动力电路导线和保护连接电路的时间至少为1 s。

不适宜经受试验电压的元器件,以及试验期间可能动作的浪涌保护元器件应在试验期间断开。已按照某产品标准进行过耐压试验的元器件可以断开。

（五）激光设备控制系统装置安全防护概述

（1）控制系统应确保其功能可靠,应能经受预期的工作负荷和外来影响。

（2）控制装置设置应确保不会引起误操作和附加的危险。容易出现误操作的控制装置在设计上应考虑容错问题。

（3）设备应为每种控制功能设置控制器件,每个控制器件只允许对应一种控制方式或工作模式(如自动控制或调整、检查),也可用其他方式(如代码控制)进行工作状态选择。

（4）每个"启动"控制器件附近均应设置一个"停止"控制器件。在每个工作或操作位置均应设置"急停"控制器件。激光加工机停止控制应使加工机停机(制动机构关断),同时隔离激光束或停止产生激光。激光器停止控制应停止产生激光。对于激光系统和加工机的其余部分,可使用各自独立的控制装置。

（5）经常观察的读数装置,其视窗高度一般为0.7～1.7 m。不经常观察的读数装置,其视窗高度允许为 0.3~2.5 m。

（6）对操作区域如存在潜在危险时，应在明显的位置固定永久性警示标志。

（六）激光设备机械电气安全防护要求的检验

1. 机械危险防护的重点检查事项

（1）逐项核对检查本项目前述激光设备机械危险主要因素涉及的部位安全措施是否落实，功能检查至少要重复三次无故障。

（2）与辐射保护安全装置相关的电气联锁（interlock）开关可以与相应的机械保护装置形成联动，确保激光在安全状态下发射，如图 3-44 所示。

图 3-44　电气联锁开关示意图

2. 安全防护装置自身检查

（1）设备安全防护装置的设置是否合理，其本身刚性、强度、可安装性等是否符合要求、是否增加了附加危险。

（2）经常拆卸的安全防护装置的质量及安装高度是否符合要求。

3. 电气控制装置安全防护检查

（1）设备控制系统功能是否可靠，能否经受预期的工作负荷和外来影响。控制系统的故障是否会导致危险。

（2）设备易出现误操作的控制器件是否进行了容错设计，是否采取了防止意外启动的措施。

（3）设备工作状态的控制器件是否一个位置对应一种控制方式或工作模式。

（4）设备"启动""停止"及"急停"器件设置是否正确；设备的"急停"器件能否实现预定功能，危险情况下应急停机装置可以立即切断电源。应急停机把手或按钮必须为红色，如果是按钮，下面应当有一黄圈。位置应当使得操作者能够迅速接近。设备急停按钮示意图如图 3-45 所示。

（5）设备读数装置的视窗高度是否符合要求。

（6）常用电力安全标志示意图，如图 3-46 所示。

图 3-45　设备急停按钮示意图　　　　图 3-46　常用电力安全标志示意图

【任务实施】

(1) 制订项目 3 任务二工作计划,填写项目 3 任务二工作计划表(见表 3-15)。

表 3-15　项目 3 任务二工作计划表

1. 任务名称			
2. 搜集整理项目 3 任务二课外书、网站、公众号	(1)	课外书	
	(2)	网　站	
	(3)	公众号	
3. 搜集总结项目 3 任务二主要知识点信息	(1)	知识点	
		概　述	
	(2)	知识点	
		概　述	
	(3)	知识点	
		概　述	
	(4)	知识点	
		概　述	
	(5)	知识点	
		概　述	
4. 搜集总结项目 3 任务二主要技能点信息	(1)	技能点	
		概　述	
	(2)	技能点	
		概　述	
	(3)	技能点	
		概　述	
5. 工作计划遇到的问题及解决方案			

（2）完成项目 3 任务二实施过程，填写项目 3 任务二工作记录表（见表 3-16）。

表 3-16　项目 3 任务二工作记录表

工作任务	工作流程		工作记录
1.		（1）	
		（2）	
		（3）	
		（4）	
2.		（1）	
		（2）	
		（3）	
		（4）	
3.		（1）	
		（2）	
		（3）	
		（4）	
4. 实施过程遇到的问题及解决方案			

【任务考核】

（1）培训对象完成项目 3 任务二以下知识练习考核题。

① 利用课内外教材、网站、公众号等资源，搜集整理机械危险的相关信息，填写表 3-17。

表 3-17　机械危险相关信息

机械危险定义	
序号	机械危险分类
1	
2	
3	
4	

② 利用课内外教材、网站、公众号等资源，搜集整理不同阶段机械危险预防措施的相关信息，填写表 3-18。

表 3-18　机械危险预防措施相关信息

阶段名称	主要预防措施
1	
2	
3	

③ 利用课内外教材、网站、公众号等资源，搜集整理电气危险的相关信息，填写表 3-19。

表 3-19　电气危险相关信息

国家标准名称及编号	
电流大小对人体影响	(1)
	(2)
	(3)
	(4)
	(5)
人体电流强度术语与定义	(1)
	(2)
	(3)

④ 利用课内外教材、网站、公众号等资源，搜集整理激光设备电气安全试验的相关信息，填写表 3-20。

表 3-20　激光设备电气安全试验相关信息

试验类型	基本内容
1.	
2.	
3.	

（2）培训对象完成项目 3 任务二以下技能训练考核题。

① 利用课内外教材、网站、公众号等资源，搜集本企业或外企业某台激光设备（场地）机械危险防护装置具体案例，填写表 3-21。

表 3-21　激光设备（场地）机械危险防护装置案例训练

企业名称		设备（场地）名称	
序号	机械危害防护装置具体案例		
1			
2			
3			

② 利用课内外教材、网站、公众号等资源，搜集本企业或外企业某台激光设备（场地）电气危险防护装置具体案例，填写表 3-22。

（3）培训教师和培训对象共同完成项目 3 任务二考核评价，填写考核评价表（见表 3-23）。

表 3-22　激光设备(场地)电气危险防护装置案例训练

企业名称		设备(场地)名称	
序号	电气危险防护装置具体案例		
1			
2			
3			

表 3-23　项目 3 任务二考核评价表

评价项目	评价内容	权重	得分	综合得分
专业知识	知识练习考核题完成情况	40%		
专业技能	技能训练考核题完成情况	40%		
综合能力	培训过程总体表现情况	20%		

任务三　材料和物质的危险与防护

【学习目标】

知识目标

1. 掌握材料和物质危险知识

2. 掌握材料和物质危险防范措施

3. 掌握忽视人机工效学导致的危险知识

4. 掌握人机工效学危险防范措施

技能目标

1. 识别材料和物质危险防护装置

2. 识别人机工效学危险防护装置

【任务描述】

在《机械安全　激光加工机　第 1 部分:通用安全要求》(GB/T 18490.1—2017)国家标准中,材料和物质产生的危险主要有三个类别,如图 3-47 所示。

任务三力求通过任务引领的方式对材料和物质产生的危险做比较完整的知识讲解和典型案例分析,同时将机器设计时忽视人机工效学原则而导致的危险合并到本任务一并简述,让读者掌握其中涉及的必要知识和主要技能。

材料和物质产生的危险包括：

1) 激光加工机使用的制品(例如激光气体、激光染料、激活气体、溶剂等)带来的危险；

2) 光束和物料相互作用于(例如烟尘、颗粒、气化物、碎片等)产生的危险,火灾或爆炸；

3) 用于辅助激光与目标靶相互作用的气体(见5.3.3)及其产生的烟雾导致的危险,这些危险包括爆炸、火灾、副作用和缺氧。

图 3-47　激光加工中的材料和物质产生的危险示意图

【学习储备】

一、激光加工中的材料和物质危险知识

(一)激光与材料的相互作用

1. 激光与材料和物质的作用方式

激光与材料和物质的作用方式是危险发生的根本原因,是准确判断风险点,选择正确的防护措施、方法、流程和工具的基础。

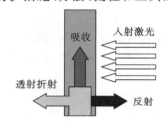

图 3-48　激光与材料和物质的
作用方式示意图

通常激光辐射在材料上会产生两种结果:第一种是激光的传输路径产生变化,产生光的反射、透射、折射和散射等现象;第二种是激光被材料部分或全部吸收,材料注入能量产生光热过程或者光化学过程,如图 3-48 所示。

2. 激光传输路径变化带来的危险

1) 预设光路破坏

预设光路破坏是指激光光束无法按照预设的反射、透射、折射路径进行传输的情况,它们大多在光路中出现异物、光路失调、光学元件破损等情况下发生,使得按照光路设计的激光安全防范措施失效。

2) 光的散射与漫反射

光的散射与漫反射可能导致激光传输方向不可预测的改变。例如,高功率激光束在空气中传输,由于受到空气中灰尘和材料表面形状的影响引起的光散射依然对操作者具有极高的风险,尤其是紫外和蓝光等短波长激光还会引发人体额外的光化学作用和生理病变。

3. 激光被材料吸收带来的危险

激光被材料吸收后会产生光热过程和光化学过程两种过程,它们是导致材料和物质危险发生的直接原因。

1) 光热过程及主要危险

材料的光热过程是指在激光照射材料后通过"光子-电子-声子-晶格"的转化扩散过程,它将光能转化为热能,使得材料升温熔化、气化甚至等离子体化,是激光切割、焊接、退火、打孔、3D打印、热熔修复、激光清洗、冲击强化(激光喷丸)、光声成像、激光纳米压印等激光工艺应用的基础。

光热过程能够将材料加热到很高的温度,因此直射、反射、折射甚至散射激光束及其副

产物(例如,在金属切割和焊接过程中产生的高温熔渣)都是潜在的引燃源,能够引起环境火灾、爆炸和人员设备的热损伤。

特别需要注意预防由激光引发的气体和粉尘爆炸,如煤矿矿井、面粉厂、金属 3D 打印、金属粉体制造厂等,有兴趣的读者可以参阅《粉尘防爆安全规程》(GB 15577—2018)进行深入了解。

2) 光化学过程及主要危险

光化学过程是指当激光辐照材料时引起材料内部的化学反应和变化,它是光刻、光固化增材制造、光降解、激光辅助燃烧等工艺应用的基础。相对而言,光化学过程产生的危险比光热过程要少很多,主要是被加工材料可能变性。

4. 激光加工时常见的副产物带来的危险

1) 陶瓷加工

陶瓷加工根据材料的不同会产生铝(Al)、镁(Mg)、钙(Ca)、硅(Si)等各类氧化物,其中的氧化铍 BeO 是有剧毒的物质。

2) 硅片加工

硅片加工会产生浮在空气中的硅(Si)及氧化硅碎屑,可能引起硅肺病。

3) 金属加工

从医学观点来看,包含但不限于锰(Mn)、铬(Cr)、镍(Ni)、钴(Co)、铝(Al)、锌(Zn)、铜(Cu)、铍(Be)、铅(Pb)、锑(Sb)等金属及其化合物对人体是有影响的,其中 Cr、Mn、Co、Ni 对人体致癌,Zn、Cu 金属烟雾引起发烧和过敏反应,Be 金属引起肺纤维化。

对比不同激光加工工艺方法,在大气中切割合金或金属时会产生较多重金属烟雾。金属焊接与金属切割相比,产生的重金属烟雾量较低。金属表面一般不会改性,但有时也会产生重金属烟雾。低温焊接与钎焊可能会产生少量的重金属蒸气,焊剂蒸气及其副产物。

4) 塑料加工

切割加工、温度较低时产生脂肪族烃,而温度较高时则会使芳香族烃(如苯、PAH(多环芳烃))和多卤多环类烃(如二氧芑、呋喃)增加。其中某些物质还可能产生氰化物,如异氰酸盐(聚氨酯)、丙烯酸盐(PMMA)和氧化氢(PVC)。

从医学观点来看,氰化物、CO、苯的衍生物是有毒气体;异氰酸盐、丙烯酸盐是过敏源和刺激物;甲苯、丙烯醛、胺类刺激呼吸道;苯、某些 PAH 物质致癌。在切割纸和木材时会产生纤维素、酯类、酸类、乙醇、苯等副产物。

5. 常见有毒有害气体分类

1) 刺激性气体

刺激性气体是指对人体眼、呼吸道黏膜及皮肤有刺激作用的有毒气体,一般以局部损害为主,但也可引起全身反应。比较而言,水溶性大的刺激性气体,如硫酸盐酸硝酸蒸气、氯气、氨气、二氧化硫气体、三氧化硫气体等,如遇到人体上呼吸道等湿润部位更易引起损害作用。氮氧化物、光气等水溶性小的刺激性气体可深入支气管肺泡,对肺组织产生较强的刺激和腐蚀作用,严重时出现肺水肿。

2）窒息性气体

窒息性气体是指能造成人体缺氧的有毒气体,可分为单纯窒息性气体、血液窒息性气体和细胞窒息性气体三类,进入人体后使血液的运氧能力或组织利用氧的能力发生障碍,造成组织缺氧而引起危害。常见的窒息性气体有氮气、甲烷、乙烷、乙烯、一氧化碳、硝基苯、硫化氢蒸气等。

（二）材料和物质产生的危险典型案例

1. 激光加工机使用的制品典型危险案例

某激光切割设备需要用到瓶装氧气,装卸工为图方便,把氧气瓶从车上用脚蹬下,第一个气瓶刚落下,第二个气瓶正好砸在第一个气瓶上,引起两个气瓶的爆炸,造成一死一伤。

事故原因是两个氧气气瓶相互碰撞时受到猛烈振动,引起瓶内压力升高超过了该瓶壁的强度极限,进而引起气瓶爆炸。

2. 激光束与物料相互作用典型危险案例

根据原国家安全生产监督管理总局（现为中华人民共和国应急管理部）颁布的《工贸行业重点可燃性粉尘目录（2015）》,激光加工中可燃性粉尘有如下几类:第一类是金属制品加工,主要有镁、铝、铝铁合金、钙铝合金、铜硅合金、硅、锌、钛、镁合金粉、硅铁合金的粉末或板材加工;第二类是木粉、纸浆之类的木制品/纸制品加工;第三类是聚酯纤维、甲基纤维、亚麻、棉花等纺织品加工;第四类是树脂粉、橡胶粉或橡胶和塑料制品加工。

3. 辅助气体及其产生的烟雾导致的危险案例

在许多激光器中用作激活介质的材料（尤其是染料和准分子激光器中的气体）是有毒致癌的物质。例如,染料激光器使用的溶剂可能携带溶质通过皮肤进入人体,也可能由于高挥发性被人体吸入。某些光学有源元件（如调 Q 和倍频）使用的液体、清洗液以及与激光器相关的其他材料也可能是有害的。对这些有害物质应做出明显标记并采取适当的储存、处理和清除措施,如图 3-49 所示。

图 3-49　粉尘及有毒气体标志示意图

二、材料和物质危险的主要防范措施

（一）主要防范措施指引

（1）将激光设备光路系统设计安装在一个洁净的密闭环境中可以有效降低因为激光传

输途径意外变化造成的风险。

（2）在激光设备的设计制造中选择合适的光学元件材料。

激光的传输、整形、扫描、聚焦必然会用到激光透射、反射、聚焦、衰减、分束、整形等光学元件。

透射光学元件特定波长激光的透射率越高越好，从而延长镜片使用寿命，降低镜片损坏引发的风险，避免附加镜片冷却系统。透射光学元件还应该有低的反射率以避免激光反射损伤前段光学元件，所以其材料表面还镀有增透膜。

石英晶体在 $180\sim2000$ nm 的波段范围有着良好的透射率、化学稳定性和较高的温度阈值，常用于制造从深紫外、紫外、可见光到红外波段的透射光学元件，也是制造光纤的基础材料。CO_2 激光器之类的远红外激光器采用硒化锌镜片，小于 180 nm 波长的深紫外和真空紫外光束采用氟化镁和氟化钙镜片。

反射光学元件特定波长激光的反射率越高越好。金属铝在非常宽的光谱范围（$200\sim650$ nm 和 900 nm~10 μm）有高的反射率，金属银在可见光到红外波段也有高的反射率，上述两类抛光金属和金属薄膜普遍应用于制造反射光学元件。

为了避免激光功率密度超过光学元件的损伤阈值，需要计算光路系统中的光功率密度或者能量密度，选择正确的光学元件。长时间高功率运行的光束需要考虑对整个光路系统进行冷却保护。

（二）主要防范措施指引案例

1. 气体爆炸防范

搬运氧气瓶时，要避免碰撞和剧烈振动，要戴好安全帽及防震圈。装卸氧气时严禁滚动。

2. 刺激性气体危害防范

运输及使用过程尽量防止跑、冒、滴、漏，杜绝意外事故；提高设备的密闭性，防止金属设备腐蚀破裂；根据生产工艺特点选用合适的通风方法。加强个人防护，大量接触酸等腐蚀性液体毒物时，应穿戴聚氯乙烯、橡皮制品、橡皮手套、防护眼镜、防护胶鞋等耐腐蚀防护用具，必要时戴防毒口罩或防护面具，涂皮肤防护油膏。加强健康监护，做好岗前及定期体检，发现有过敏性哮喘，过敏性皮肤病或皮肤暴露部位有湿疹等疾患，咽喉、气管等呼吸道慢性疾患，肺结核及心脏病的患者，不应做接触刺激性气体的工作。

3. 粉尘爆炸防范

引起粉尘爆炸必须具备两个条件：一是粉尘与空气中的氧充分混合达到一定浓度；二是要有火源。粉尘爆炸防范方法如下。

第一，要控制粉尘漂浮，提高空气湿度可以有效降低空气中粉尘浓度。但要特别注意某些金属粉尘遇水则反而会加速燃爆。第二，要经常清理除尘通风设备。第三，杜绝火源，除防止明火外，还要防止电器火花、工具撞击火花、各种情况下出现的摩擦起火，甚至静电起火。

4. 窒息性气体危害预防

主要预防措施是加强通风，严格安全操作规章，加强宣传教育，普及急救和预防知识，做好岗前及定期体检的健康监护工作。

5. 激光加工废屑、废气、粉尘防护

设备配套除尘装置,场地尽量空气通畅,如有必要,员工尽量佩戴防护口(面)罩,如图 3-50 所示。

图 3-50 粉尘及有毒气体专业防护口(面)罩示意图

三、忽视工效学原则而导致的危险

(一)工效学简介

1. 工效学概念

工效学又称为人机工程学,是将人、机器和环境看成一个系统,在系统科学理论的指导下,运用生理学、心理学和医学等有关科学知识,研究组成人机系统的机器和人的相互关系,维持和增进人的安全、健康和工作生活的舒适感,以提高整个系统效能的技术科学,如图 3-51(a)所示。

2. 工效学主要内容

工效学(ergonomics)的主要内容如图 3-51(b)所示,主要实现以下三个目标:第一,各类设备的尺寸要与人体测量的数据相适应;第二,工作环境与劳动者健康和劳动效率相适应;

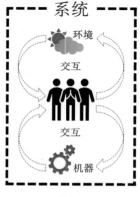

(a)概念 (b)主要内容

图 3-51 工效学概念及其主要内容

第三,各类设备不但要满足功能和健康的需要,也要考虑是否有艺术价值。

3. 工作过程的生物力学概述

1) 肌肉和骨骼的力学特征

肌肉做功的效率与负荷大小有关,过大过小都会使效率下降。一般认为,当肌肉负荷为最大收缩力的 50% 左右时,肌肉做功效率最高。

包括关节在内的某些解剖结构结合在一起可以完成以关节为轴的运动,称为动力单元。动力单元由肌肉、骨骼、神经、血管等组成。两个以上的动力单元组合在一起称动力链。可以在较大范围内完成复杂的动作,如图 3-52 所示。

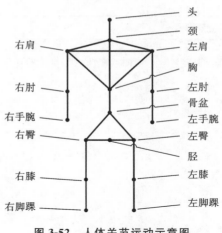

图 3-52　人体关节运动示意图

2) 工作过程合理用力

(1) 重心。

尽可能使物体的重心靠近人体,使力矩变小,减轻劳动负荷。注意身体重心不要倾斜,以减少静力作业时的能量消耗。在操纵轮盘等控制器时应尽量减少力的作用点与身体相应支点的距离。人体重心要平衡,尽量靠近脊柱。

(2) 姿势。

站和坐是工作时最常见的姿势,应尽可能使操作者的身体保持自然的状态,减少姿势负荷。主要方法有避免和减少强迫体位,手和前臂避免长时间高于肘部;如确实需要长时间处于正常高度以上时应提供合适的支撑物。

(3) 对称用力。

尽可能保持身体平衡稳定,如使用双肩包、使用双手搬东西可以省力,降低人体耗氧量。

(二) 生产车间功效学主要指标与解决方案

1. 在设备整体设计中是否采取了有效的人为错误防范措施

人机系统的正常运行有赖于人的正确操作,但人会由于疲劳、情感、环境等因素影响出现未执行规定的功能、错误执行规定的功能及执行了没有规定的功能等人为错误,如表 3-24 所示的环境危险因素及解决办法。

表 3-24　环境危险因素及解决办法

危险因素	定义	可能的解决办法
高度重复	一遍又一遍重复相同动作	重新设计,降低重复动作的次数,增加重复动作之间的疲劳恢复时间,调换员工到不同的工作岗位
过大力量	做拉、敲、推等需要过多体力、劳动强度巨大的工作	减少需要耗尽体力完成的工作。重新计划:将任务分配给更多的员工,使用机械完成工作

续表

危险因素	定义	可能的解决办法
笨拙姿势	弯曲或扭曲员工身体的任何部分	用设备或工具使员工身体保持在自然的或者适当的位置
长期静负荷	员工在一个工作位置上长时间停留引起肌肉紧缩	设计任务使员工避免长期承受静负荷并提供改变工作位置的机会
定向压力	身体与坚硬的表面或边缘相接触	改善工具和设备的设计以便消除压力或者提供缓冲材料
振动	使用振动工具或设备	使双手与振动隔离
极端的冷和/或者热	寒冷减弱人的知觉、减缓血液流动，抑制力量和平衡，热加剧疲劳	使身体隔离，控制温度
组织管理工作差	机械式的工作、不合理的休息、单调的任务、复杂的限制条件	合理的工作量、充分的休息、形式多变的工作和个人的自主

2. 人机界面设置的合理性和人机交流的顺畅性

人机界面也称为人机接口，显示器和控制器是人机之间常用的两个界面。机器通过显示器将信息传送给人，人通过控制器将决策和指令信息输送给机器。

合理性和顺畅性主要通过以下几个方面来进行验证。

第一，合适的信息通道，显示器设计符合工效学设计原则，传递顺畅，避免因过载而出现错误信息。

第二，信息从人的运动器官传递给机器时，应适应人的极限能力和操作范围。

第三，人机界面的通道数和传递频率不超过人的能力，而且适合大多数人的水平。

例如，手是操纵各种设备的主要界面，主要是指与手接触相关的界面，包括按压的界面、旋转的界面、握的界面、捏的界面等。手的界面符合解剖学原则和工效学原则，可以使操作者发挥最高效率，同时降低职业病的概率。

3. 工作空间合理性

工作空间包括工作空间的大小、显示器和控制器的位置、工作台和座位的尺寸、工具和加工件的安排等。工作空间的设计要适应操作者的人体特征，以保证操作者能够采取正确的作业姿势，达到减轻疲劳、提高工效的目的。

工作座椅应将其舒适性与提高操作效率充分结合。在进行空间设计时应考虑安装和维修的操作空间。

4. 色彩合理性

设备配色除考虑色彩与设备功能相适应、与环境色调相协调以外，还要注意以下几个方面。

第一，危险与警示部位配色要醒目，所用颜色应符合标准的规定。

第二，操纵装置和按钮配色要重点突出，避免误操作，所用颜色应符合标准的规定。

第三,显示装置要与背景有一定的对比性,这有利于操作者的认读。

5. 照明合理性

工作环境的光线照度与人的感官疲劳和精神疲劳密切相关。加工区域的局部照明的照度应大于 500 Lx。照明光线应均匀,无眩光,光色适度,并要避免镜面、台面强反射眩光,以及与周围环境的明暗形成强烈对比。

6. 减少振动

人体是有自己振动固有频率的弹性系统,外来振动会降低人的视觉和操作效率,发生共振时可能造成人体疾患,本书后续项目将对其进行专门讲述。

7. 听觉与噪声和声音报警信号

人的听觉反应时间为 120～150 ms,较光信息快 30～50 ms,所以听觉信号常用于报警。当设备采用声讯信号作为危险和故障状态信号时,应有别于正常的声音信号,声音响度应高于环境和机械设备正常运行期间所发出的声音响度,本书后续项目将对其进行专门讲述。

8. 视觉合理性

视觉对产品质量及安全均有影响,还会影响人的心理活动。设备操作控制位置应保证操作者具有足够的视野范围来观察设备整体运行情况。

9. 触觉合理性

触觉器官感知物体的空间位置、形状、表面情况和原材料等信息。设备设计者可以通过将操作器件分布在不同的空间位置,或采取不同的形状使操作者准确识别,防止误操作。

上述生产车间功效学主要指标可以通过设备设计和日常检验两个阶段的具体工作来落实并有所侧重,如表 3-25 所示。

表 3-25 生产车间功效学侧重点

要素	设计研究时侧重点	检验时侧重点
人	主要考虑人的心理和生理特点,防止人的"意识中断"或"意识迁回"(走神)时产生的危险	应保证系统运行期间,人能够观察到设备的所有运行情况,以保证人能高效、安全、舒适、健康地工作
机	主要考虑安全预防措施,防止人在能力不足时引起事故	安全防护措施应有效和可靠
环境	主要考虑环境要适合于人的要求,不危害人体健康	机械设备运行期间不应对环境造成危害(包括材料、排泄物和振动噪声等)
作业过程	主要从作业方法、作业负荷、作业姿势、作业范围等方面考虑人能否胜任,能否减轻劳动强度,能否减轻疲劳,对人是否有危害	人的所有作业活动都应符合工效学的工作原理,人机界面设计合理,保证人机对话顺畅

(三)办公室功效学危害案例与解决方案

1. 办公室工效学危害案例

办公室工效学的危害因素造成的伤害有两类,慢性累积性的骨骼肌肉疾病伤害有腱鞘炎、高尔夫球肘、颈椎病（生理曲度变直、颈椎增生等）、腰椎病（腰椎间盘突出症）、腕管综合征、视疲劳及网球肘等，急性病症主要是拉伤或扭伤。

2. 办公室工效学解决方案

办公室工效学更加注重人员长期以坐姿面对计算机及相关设备所带来的相关危害，如图 3-53 所示。

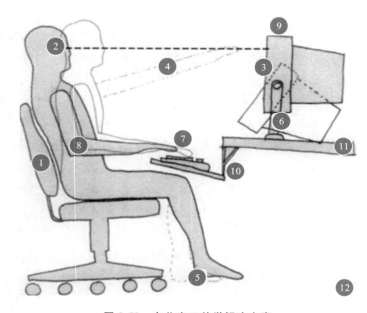

图 3-53　办公室工效学解决方案

（1）座椅的椅背应可以活动，人背部靠在椅背上移动自如。坐姿应该坐满椅子，背部靠在椅背上坐直身体，避免从侧面看形成 C 字形姿势，在膝盖与椅子的边缘之间留有约一个拳头空间，肩部和双手放松。

（2）笔记本计算机用户应使用垫高架，外接键盘和鼠标。显示器顶部应高于人的视线 5～8 cm，使得屏幕的最上方与眼睛保持在同一水平。

（3）控制显示器亮度和闪烁，光线较弱时开灯，光线强烈时拉上窗帘并调低显示屏的亮度。必要时使用防闪烁显示屏。

（4）与显示器的距离大约为人的臂长。

（5）双脚平放在地板或稳固的脚踏上。

（6）使用文件支架最好和计算机屏幕处于同一水平线上。

（7）使用键盘/鼠标时确保鼠标和键盘在同一高度。移动鼠标应由整个手臂带动，而非腕部带动。鼠标与手的大小一致，正确地握住鼠标用最小的力气进行点击，最好左手和右手都会使用鼠标。

（8）调整椅子高度，使键盘和鼠标与肘部保持同一高度。使用键盘时肩膀放松，上臂与地面平行，上臂与前臂保持约 90°，左右双臂贴近身体保持在操作者身体两侧。

（9）需要大量的文字输入时，应使用文件夹并放置在靠近显示器位置。

（10）使用呈负角倾斜的鼠标槽使得向上的鼠标呈平行状。

（11）保持工作台和键盘平行方向。

（12）经常检查视力，工间休息可以运用 20-20 原则，即每看计算机 20 min，向远方眺望 20 s，再闭上眼睛，深呼吸 30 s。

（四）人工搬运危害案例与解决方案

1. 人工搬运工效学危害案例

1）人工搬运工效学危害概述

人工搬运是生产、运输等环节经常遇见的作业方式，有数据表明人工搬运事故会导致三天以上工作日损失，搬运安全是需要注意又常常被忽略的事情。

2）人工搬运事故受伤类型分布

人工搬运事故受伤类型如图 3-54（a）所示，用力不当和/或长时间用力，用力姿态不正及过度的重复性动作是引发肌肉扭伤或拉伤的主要原因，肌肉扭伤或拉伤不容易完全恢复。

3）人工搬运事故受伤部位分布

人工搬运事故受伤部位分布如图 3-54（b）所示，大部分人工搬运事故会导致背部肌肉扭伤。

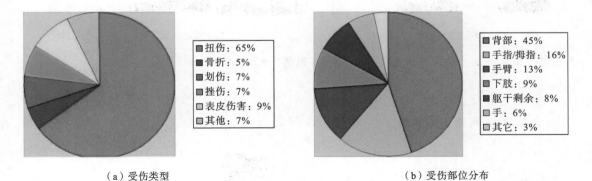

|（a）受伤类型|（b）受伤部位分布|

图 3-54　人工搬运事故受伤类型及部位分布示意图

2. 人工搬运工效学解决方案

1）适当利用提升或搬运工具

避免弯腰或扭背，避免极端工作姿势，如图 3-55（a）所示。

2）单手提物姿势

单手提物时将外侧腿置于另一双条腿前方，手放在膝盖上做支撑。走动时一手保持平衡，如图 3-55（b）所示。

3）双手提物

双手提物时保持背部直立，让负荷靠近身体，弯下膝盖，两脚适当分开，如图 3-55（c）所示。

4）重物搬运

先拉动重物靠近身体，双手提物，走动时尽量避免扭动身躯，放下重物后推动重物，如图3-55（d）所示。

（a）利用提升工具或搬运工具　　　　　（b）单手提物姿势

（c）双手提物　　　　　　　　　（d）重物搬运

图3-55　人工搬运工效学解决方案案例示意图

5）适当放松技巧

背部放松，可蹲下或靠墙直立，如图3-56所示。

图3-56　正确背部放松示意图

【任务实施】

（1）制订项目3任务三工作计划，填写项目3任务三工作计划表（见表3-26）。

表 3-26　项目 3 任务三工作计划表

1. 任务名称			
2. 搜集整理项目 3 任务三课外书、网站、公众号	（1）	课外书	
	（2）	网　站	
	（3）	公众号	
3. 搜集总结项目 3 任务三主要知识点信息	（1）	知识点	
		概　述	
	（2）	知识点	
		概　述	
	（3）	知识点	
		概　述	
	（4）	知识点	
		概　述	
	（5）	知识点	
		概　述	
4. 搜集总结项目 3 任务三主要技能点信息	（1）	技能点	
		概　述	
	（2）	技能点	
		概　述	
	（3）	技能点	
		概　述	
5. 工作计划遇到的问题及解决方案			

（2）完成项目 3 任务三实施过程，填写项目 3 任务三工作记录表（见表 3-27）。

表 3-27　项目 3 任务三工作记录表

工作任务	工作流程		工作记录
1.	（1）		
	（2）		
	（3）		
	（4）		
2.	（1）		
	（2）		
	（3）		
	（4）		

续表

工作任务	工作流程		工作记录
3.	（1）		
	（2）		
	（3）		
	（4）		
4. 实施过程遇到的问题及解决方案			

【任务考核】

（1）培训对象完成项目3任务三以下知识练习考核题。

① 利用课内外教材、网站、公众号等资源，搜集整理激光与材料和物质的作用带来的危险相关信息，填写表3-28。

表3-28 材料和物质作用危险相关信息

危险大类名称	危险具体方式
1.	（1）
	（2）
2.	（1）
	（2）

（2）利用课内外教材、网站、公众号等资源，搜集整理有毒有害气体分类信息并总结激光加工中可能出现的有害气体案例相关信息，填写表3-29。

表3-29 激光加工有毒有害气体分类信息

有毒有害气体大类	有毒有害气体小类	激光设备和加工有毒有害气体案例
1.	（1）	
	（2）	
2.	（1）	
	（2）	
	（3）	

③ 利用课内外教材、网站、公众号等资源，搜集整理材料和物质危险主要防范措施的相关信息，填写表3-30。

④ 利用课内外教材、网站、公众号等资源，搜集整理人为错误的危险因素及主要防范措施的相关信息，填写表3-31。

表 3-30 材料和物质危险主要预防措施相关信息

国家标准名称及编号	
序号	主要预防措施简介
1	
2	
3	

表 3-31 人为错误的危险因素相关信息

危险因素	主要防范措施

（2）培训对象完成项目 3 任务三以下技能训练考核题。

① 利用课内外教材、网站、公众号等资源，搜集本企业或外企业某台激光设备（场地）材料和物质危险防护装置或方法具体案例，填写表 3-32。

表 3-32 材料和物质危险防护装置或方法案例训练

企业名称		设备（场地）名称	
序号	机械危害防护装置具体案例		
1			
2			
3			

② 利用课内外教材、网站、公众号等资源，搜集本企业或外企业某台激光设备（场地）工效学危险防护装置或方法具体案例，填写表 3-33。

表 3-33 工效学导致的危险防护装置或方法案例训练

企业名称		设备（场地）名称	
序号	工效学导致的危险防护装置具体案例		
1			
2			
3			

（3）培训教师和培训对象共同完成项目 3 任务三考核评价，填写考核评价表（见表 3-34）。

表 3-34　项目 3 任务三考核评价表

评价项目	评价内容	权重	得分	综合得分
专业知识	知识练习考核题完成情况	40%		
专业技能	技能训练考核题完成情况	40%		
综合能力	培训过程总体表现情况	20%		

任务四　热和噪声的危险与防护

【学习目标】

> **知识目标**
> 1. 了解激光设备热危险知识
> 2. 了解激光设备噪声危险知识
> 3. 掌握激光设备热危险防护措施
> 4. 掌握激光设备噪声危险防护措施
>
> **技能目标**
> 1. 识别激光设备热危险防护装置
> 2. 识别激光设备噪声危险防护装置

【任务描述】

在《机械安全　激光加工机　第 1 部分：通用安全要求》(GB/T 18490.1—2017)国家标准中,热危害是七个固有危险之一。在《机械安全　激光加工机　第 3 部分　激光加工机和手持式加工机及相关辅助设备的噪声降低和噪声测量方法(准确度 2 级)》(GB/T 18490.3—2017)国家标准中,激光加工中噪声产生的危害示意图如图 3-57 所示。

　　3　噪声危害
　　激光加工机和手持式激光加工机所产生的噪声可能会导致:
　　a)　永久性听力损失;
　　b)　耳鸣;
　　c)　疲劳、紧张和头痛;
　　d)　失衡和意识丧失等其他影响;
　　e)　妨碍语言交流;
　　f)　不能听到声音警报信号。

图 3-57　激光加工中噪声产生的危害示意图

任务四力求通过任务引领的方式对激光设备的热危险和噪声危害做比较完整的知识讲解和典型案例分析,让读者掌握其中涉及的必要知识和主要技能。

【学习储备】

一、激光设备和激光加工中的热危险知识

(一)激光设备和激光加工中的热源

1. 激光设备上的热源

激光器的电光转换效率 η 是激光器输出的光功率与输入的电功率之比,η 总是小于 1,YAG 灯泵浦激光器 η 为 1.5%~2%,半导体泵浦激光器 η 为 15%~20%,CO_2 激光器 η 为 15%~20%,光纤激光器 η 为 30%~40%,半导体激光器 η 为 50%~80%,如表 3-35 所示。

表 3-35　常用激光器的电光转换效率 η

激光器类型	电光转换效率 η	激光器类型	电光转换效率 η
YAG 灯泵浦激光器	1.5%~2%	光纤激光器	30%~40%
半导体泵浦激光器	15%~20%	半导体激光器	50%~80%
CO_2 激光器	15%~20%		

综上所述,激光器输入的电功率绝大部分转换为热量,通过各类传导介质传递散发出来,对激光设备的器件,特别是对温度敏感的器件,如光学零件、光泵浦激光器中使用的高压放电管、电容(器)组和其他光学元件造成火灾、爆炸及零件失效等有害的影响,成为激光设备上主要的有害热源。

2. 激光加工中的热源

激光器发射的激光是激光加工中的另外一个重要热源,在可燃气体或高密度尘埃的环境下的激光加工应用场所能点燃靶材料,引起燃烧、爆炸等危害。激光加工中的热源影响在项目 3 任务三材料和物质的危险与防护中已经做过详细介绍,感兴趣的读者可进一步参考《机械安全 设计通则 风险评估与风险减小》(GB/T 15706—2012)的相关内容,这里不再赘述。

(二)激光设备和激光加工中的散热方式

1. 物质散热方式概述

在经典热力学概念中,散热就是物质热量传递的过程,热量传递有热传导、热对流和热辐射三种方式,如图 3-58 所示。

热传导是指物质本身或当物质与物质接触时热量的传递方式,如 CPU 散热片底座与 CPU 直接接触带走热量就属于热传导方式散热。热对流是指流动的气体或液体将热量带走的散热方式,如计算机散热风扇带动气体流动的强制热对流散热。热辐射是指依靠射线辐射传递热量,如太阳辐射。

在日常应用中三种散热方式大多会同时发生作用,例如计算机中 CPU 风冷散热器,CPU 散热片与 CPU 表面直接接触,CPU 表面的热量通过热传导传递给 CPU 散热片;散热风扇产生气流通过热对流将 CPU 散热片表面的热量带走;机箱内空气流动也是通过热对流将 CPU 散热片周围空气的热量带走到机箱外;与此同时,所有温度高的器件都会对周围温度低的器件或空间发生热辐射散热。

2. 激光设备的散热方式

激光设备中三种散热方式会同时发生作用,最有效的散热方式是热对流。

泵浦光会使得激光器晶体产生热量,通过晶体与冷却液之间的热传导将热量传导到与之相邻的冷却液,使得这部分冷却液温度升高;通过水泵,高温冷却液被带走,低温冷却液补充进来,在冷却液之间产生热对流散热,如图 3-59 所示。

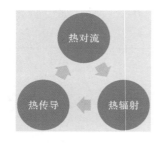

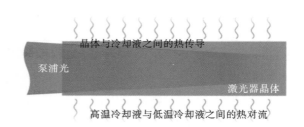

图 3-58　热量的传递方式示意图　　　　图 3-59　激光设备散热方式示意图

二、激光设备和激光加工中的热危害防护装置与措施

(一) 水冷却装置简介

1. 冷却介质简介

大多数激光加工设备需要配备冷却装置以带走激光器的热量,保持激光器温度稳定,防止激光器温升过高而失效,保证激光设备长期稳定运行。

发热量较大、需要长期稳定工作的激光设备(激光器)一般采用满足要求的去离子作为冷却介质,在寒冷地带室外使用的激光设备在冷却液中可适量添加乙二醇或丙二醇水基型防冻液,也可以适量添加乙醇但其易燃。发热量较小、对冷却要求不高的激光设备(激光器)可以采用风冷却介质。当激光器需要在极低温度下工作时可以采用液氮冷却介质(如 Yb：YAG 激光器)。

2. 水冷却装置类型

1) 集中制冷装置

集中制冷装置适用于多台激光设备同时工作的场合,由专用冷水机、保温水箱、恒压变频循环水泵等三大部件组成。

专用冷水机提供恒温、恒流、恒压的冷却水,保温水箱保证冷却水有足够流量,恒压变频循环水泵保证冷却水压力恒定,如图 3-60(a)所示。

2）单独制冷装置

单独制冷装置将专用冷水机、保温水箱和恒压变频循环水泵集成一个整体,适用于单台激光设备工作的场合,如图 3-60(b)所示。

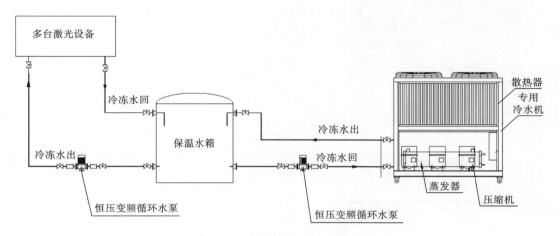

（a）集中制冷装置

（b）单独制冷装置

图 3-60 水冷却装置示意图

3. 激光设备(激光器)冷却方式

1）直接冷却方式

冷却介质直接冷却激光器和其他器件,如图 3-61(a)所示。

2）二次循环冷却方式

制冷剂冷却外循环介质、外循环介质冷却内循环介质、内循环介质冷却激光器和其他器件,如图 3-61(b)所示。

由此我们可以看出,激光设备冷却装置内部主要有制冷剂循环和冷却介质循环两个子系统,制冷剂循环系统提供冷却源,冷却介质循环系统冷却各类部件和零件,另外,还有电气控制系统保证冷却装置按照规定的顺序动作。

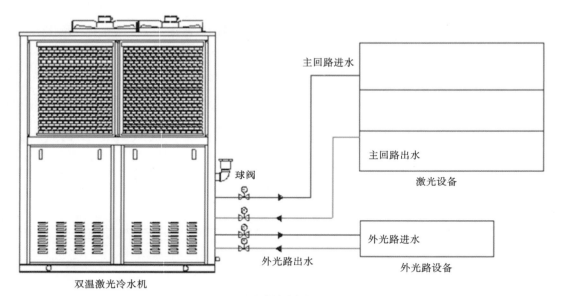

（a）直接冷却方式

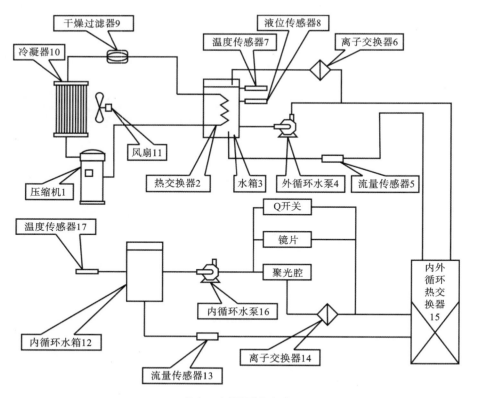

（b）二次循环冷却方式

图 3-61　冷水机组冷却方式示意图

4. 水冷却装置安装的一般要求

（1）水冷却装置四周和上部应留出足够的空间，300 mm 范围内不能堆放障碍物及杂物，以利于通风和设备维修，如图 3-62（a）所示。

（2）安装水冷却装置时应注意换热器方向，避免阳光直射，如图 3-62（b）所示。

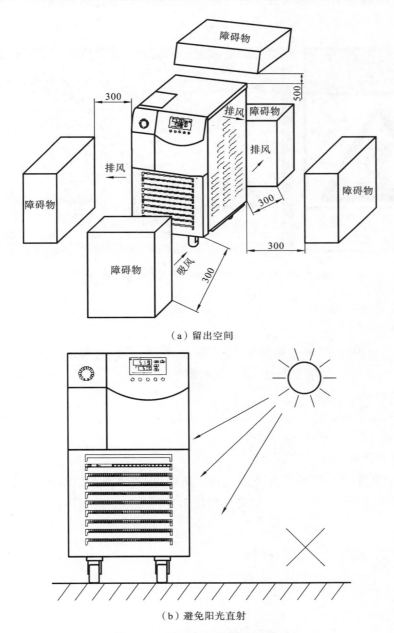

（a）留出空间

（b）避免阳光直射

图 3-62　水冷却装置安装要求示意图

（3）勿将水冷却装置安装在落叶、昆虫或污物容易聚集的地方，以防阻塞换热器和其他器件。

（二）热危险其他防护措施简介

1. 热危险标志简介

激光设备由于有良好的冷却装置，最多只是感受到器件稍微烫手，一般不会对人体产生较大的热危害，如果确有必要，可以在设备相关位置放置热危害标志，如图 3-63 所示。相对而言，激光加工中产生的热危险更加值得注意。

图 3-63　热危害和噪声危害警示说明标志示意图

2. 热危险防护主要措施

1）工程措施

降低材料表面温度；采取绝热措施（如以木料、软木、纤维材料包覆）；增加保护装置（如屏障或栅栏）；改变表面结构（如糙化，采用棱或散热片）。

2）主要组织措施

设置警示标志（如报警信号，视觉和听觉报警信号）；进行技术指导、培训；制定相关技术文件和使用说明。

3）个人防护措施

个人防护措施主要是穿戴个人防护装备。例如，在有可能产生高温高热的高功率激光切割、激光熔覆等作业中，佩戴合适的隔热耐热手套，对避免烧伤、烫伤，甚至更严重的伤害至关重要。

三、噪声危险知识与防护案例

（一）噪声危害知识

1. 噪声的定义

噪声是发声体做无规则振动时发出的声音，凡是妨碍人们正常作息和工作的声音，以及对人们要听的声音产生干扰的声音都是噪声，如街道上的汽车声、安静的图书馆里的说话声、建筑工地的机器声以及邻居电视机过大的声音等。

2. 噪声来源分类

1）转动机械噪声

许多旋转式机械设备的本身或某一部分零件常因装配水平不高或轴承自身的缺陷产生异常振动而发出噪声。

2）冲击运动噪声

当物体或设备发生冲击时，动能在短时间内会转换成振动或噪声能量，如冲床、压床、锻压设备等都会产生此类噪声，此类噪声的频率分布范围很广。

3）系统共振噪声

设备的每个系统都有其固有频率，如果外来激振的频率范围与固有频率有所重叠，将会产生刺耳的系统共振噪声，如引擎发动、马达转动等引起的噪声。

4）摩擦噪声

摩擦噪声是由接触面与附着面间的滑移现象产生的声响，如切削、研磨等常见的设备噪声。

3. 激光设备噪声源

激光电源内电容组放电能产生足够引起耳损伤的噪声。脉冲激光器发光时的重复噪声也很明显。激光设备和冷却系统运行时会产生噪声。

4. 激光设备噪声危害

《机械安全 激光加工机 第3部分：激光加工机和手持式加工机及相关辅助设备的噪声降低和噪声测量方法（准确度2级）》(GB/T 18490.3—2017)明确指出，噪声可能会导致永久性听力损失、耳鸣、疲劳、紧张、头痛、失衡、意识丧失、妨碍语言交流及不能听到声音等危害。

（二）噪声危害防护相关标准

1. 降低噪声的通用要求

《声学 低噪声机器和设备设计实施建议 第1部分：规划》(GB/T 25078.1—2010)国家标准建议，降低噪声应作为所有设备设计过程中必不可少的一部分，激光加工机也应特别考虑噪声源的降噪措施并依据本国家标准规定的噪声测试规程，以实际噪声排放值为基础来评估降低噪声的措施是否成功应用。

2. 噪声发射声压级高于70 dB

当设备噪声发射声压级高于70 dB时，噪声排放值应采用适当的测量方法测量，且应在用户使用说明书上给出噪声排放声明。

为确认是否有必要按《声学 低噪声机器和设备设计实施建议 第1部分：规划》(GB/T 25078.1—2010)附录A的噪声测试规程进行设备噪声测量，可先根据《电声学 声级计 第1部分：规划》(GB/T 3785.1—2010)[①]使用较经济的2级声压计进行初步测试，测量条件

---

① 《电声学 声级计 第1部分：规划》(GB/T 3785.1—2023)将于2023年12月1日实施。

可见本标准 A.9 节,但这不适用于任何的环境修正或背景噪声修正。

3. 噪声发射声压级低于 65 dB

如果在规定条件下测定的操作工位 A 计权声压级不超过 65 dB(A),此时可不按《声学 低噪声机器和设备设计实施建议 第 1 部分:规划》(GB/T 25078.1—2010)附录 A 的噪声测试规程进行设备噪声测量,噪声排放声明可简单表示为:发射声压级 $L_{pA} \leqslant 70$ dB。

如果噪声发射声压级高于 65 dB、低于 70 dB,则必须按照噪声发射声压级高于 70 dB 所列出的降低噪声的措施、测量、验证及其文件陈述规定执行。

表 3-36 所示的为国家标准中降低噪声排放和/或保护措施的安全要求的验证方法相关条款的具体位置,感兴趣的读者可以具体查阅。

表 3-36 国家标准中噪声条款的具体位置

条款位置	验证方法
4	根据附录 A 噪声测试规程测量噪声排放值
6	验证说明书中给出噪声排放的声明

4. 关于噪声的用户说明书主要内容

(1) 应说明操作工位 A 计权排放声压级何处超过或不超过 70 dB;

(2) 应说明操作工位 C 计权峰值瞬时声压值,何处超过 63 μPa(130 dB 相当于 20 μPa)。

(3) 机器设备发射的 A 计权声功率级,操作工位何处 A 计权发射声压级超过 80 dB。

如有必要做进一步防护,还应包括以下条款:

(1) 建议在机器上安装可能的噪声防护罩、防护屏等;

(2) 建议实施额外的噪声降低措施,例如,使用噪声防护隔离,以及为降低噪声设计安装和装配的必要要求;

(3) 建议使用低噪声运行模式或限时运行;

(4) 建议佩戴个人听力保护器。

(三) 噪声危害标志和防护装置案例

1. 噪声危害标志简介

如果确有必要,可以在激光设备相关位置放置噪声危害标志和噪声职业病危害作业岗位警示说明标志,如图 3-63 所示。

2. 激光设备降噪措施案例

(1) 清洗水箱并换水。

水箱是激光设备的主要噪声源之一,循环水的水质和水温也会直接影响激光器的使用寿命。建议每周定期用清水清洗水箱,清洗完成后使用去离子纯净水作为冷却液,水温控制在 35 ℃ 以下。

(2) 清洁排风扇。

长时间使用排风扇后,排风扇内部会因积聚灰尘而产生很大的噪声,不利于排气并清除异味。清洗前先关闭电源,清洁排风扇内部管道,然后直立排风扇,将风叶向内移开以进行清洁,最后组装排风扇。

(3)选用低噪声水泵、低噪声排风扇,考虑安装消声器或排气过滤器,以减少噪声源。

(4)用专用结构固定在冷却系统、排烟系统中可能振动的管路,减少零部件移动时产生的噪声。

(5)操作面板使用加强带固定或噪声阻尼材料以防止振动,减少噪声辐射并尽可能将产生噪声的部件远离操作者。

(6)使用封闭或半封闭隔音罩封闭加工区,限制激光加工产生的噪声辐射进入环境。

3. 噪声防护装置案例

1)佩戴防噪声耳塞

防噪声耳塞由硅胶或低压泡沫材质、高弹性聚酯材料制成,插入耳道后与外耳道紧密接触,隔绝声音进入中耳和内耳,达到隔音的目的,如图 3-64 所示。

图 3-64 防噪声耳塞外观示意图

防噪声耳塞佩戴方法如图 3-65 所示。第一步,佩戴前需要把耳塞搓细;第二步,把耳廓向上外拉并插入耳塞;第三步,待耳塞在内耳膨胀后发挥最佳效果。

图 3-65 防噪声耳塞佩戴方法

表 3-37 所示的为不同场景下佩戴防噪声耳塞后的听感效果,我们可以看出,佩戴防噪声耳塞前后的听感降噪效果是特别明显的。

表 3-37 佩戴防噪声耳塞后的听感效果

场景	噪声音量	主观听觉感受	使用后听感
喷气式飞机	非常大	有损听力	无损听力状态
电锯声	很大	较难忍受	较安静状态
汽车噪声	大	易导致失眠	较微声音水平
大声说话	较大	较为吵闹	安静
人低声耳语	一般	较安静/稍有噪声	很安静

2）防护屏降噪

设计良好、安装合理的防护屏可以达到防护激光辐射危害、防护机械危害和降低噪声危害的多重目的，如图 3-66 所示。

图 3-66　防护屏降噪示意图

【任务实施】

（1）制订项目 3 任务四工作计划，填写项目 3 任务四工作计划表（见表 3-38）。

表 3-38　项目 3 任务四工作计划表

1. 任务名称			
2. 搜集整理项目 3 任务四课外书、网站、公众号	(1)	课外书	
	(2)	网　站	
	(3)	公众号	
3. 搜集总结项目 3 任务四主要知识点信息	(1)	知识点	
		概　述	
	(2)	知识点	
		概　述	
	(3)	知识点	
		概　述	
	(4)	知识点	
		概　述	
	(5)	知识点	
		概　述	

续表

4. 搜集总结项目3任务四主要技能点信息	(1)	技能点	
		概　述	
	(2)	技能点	
		概　述	
	(3)	技能点	
		概　述	
5. 工作计划遇到的问题及解决方案			

（2）完成项目3任务四实施过程,填写项目3任务四工作记录表(见表3-39)。

表3-39　项目3任务四工作记录表

工作任务	工作流程		工作记录
1.	(1)		
	(2)		
	(3)		
	(4)		
2.	(1)		
	(2)		
	(3)		
	(4)		
3.	(1)		
	(2)		
	(3)		
	(4)		
4. 实施过程遇到问题及解决方案			

【任务考核】

（1）培训对象完成项目3任务四以下知识练习考核题。

① 利用课内外教材、网站、公众号等资源,搜集整理某厂家在售激光器的电光转换效率 η 相关信息,填写表3-40。

表3-40　在售激光器的电光转换效率 η 相关信息

激光器类型	电光转换效率 η	生产厂商名称及电话
YAG灯泵浦激光器		
半导体泵浦激光器		
CO_2 激光器		
光纤激光器		
半导体激光器		

② 利用课内外教材、网站、公众号等资源,搜集整理激光设备和激光加工中的散热方式分类和具体案例相关信息,填写表 3-41。

表 3-41　激光设备和激光加工中的散热方式分类

散热方式分类	激光设备散热具体案例
1.	
2.	

③ 利用课内外教材、网站、公众号等资源,搜集整理激光设备热危险主要预防措施的相关信息,填写表 3-42。

表 3-42　热危险主要预防措施相关信息

国家标准名称及编号	
主要预防措施简介	
1.	
2.	
3.	
4.	

④ 利用课内外教材、网站、公众号等资源,搜集整理激光设备和激光加工噪声来源分类和具体案例相关信息,填写表 3-43。

表 3-43　噪声来源分类和具体案例相关信息

噪声来源分类	激光设备和激光加工噪声具体案例
1.	
2.	
3.	

⑤ 利用课内外教材、网站、公众号等资源,搜集整理激光设备噪声危险主要预防措施的相关信息,填写表 3-44。

表 3-44　噪声危险主要预防措施相关信息

国家标准名称及编号	
主要预防措施简介	
1.	
2.	
3.	
4.	

（2）培训对象完成项目 3 任务四以下技能训练考核题。

① 利用课内外教材、网站、公众号等资源，搜集本企业或外企业某台激光设备（场地）热危险防护装置或方法具体案例，填写表 3-45。

表 3-45 热危险防护装置或方法案例训练

企业名称		设备（场地）名称	
序号	热危险防护装置具体案例		
1			
2			

② 利用课内外教材、网站、公众号等资源，搜集本企业或外企业某台激光设备（场地）噪声危险防护装置或方法具体案例，填写表 3-46。

表 3-46 噪声危险防护装置或方法案例训练

企业名称		设备（场地）名称	
序号	噪声危险防护装置具体案例		
1			
2			

（3）培训教师和培训对象共同完成项目 3 任务四考核评价，填写考核评价表（见表 3-47）。

表 3-47 项目 3 任务四考核评价表

评价项目	评价内容	权重	得分	综合得分
专业知识	知识练习考核题完成情况	40%		
专业技能	技能训练考核题完成情况	40%		
综合能力	培训过程总体表现情况	20%		

4

激光装备外部影响(干扰)危险的防护

【项目导入】

根据《机械安全 激光加工机 第1部分:通用安全要求》(GB/T 18490.1—2017)国家标准4.3节表述,激光装置受外部影响(干扰)导致的危险有七个大类,如图4-1所示。

> **4.3 外部影响(干扰)造成的危险**
>
> 激光加工机的工作环境及其电源状态可能使加工机工作不正常而导致危险状况,并且/或者有必要让人员进入危险加工区。
>
> 其他环境影响包括:
>
> a)温度;
>
> b)湿度;
>
> c)外来冲击/振动;
>
> d)周围的气化物、灰尘或其他气体;
>
> e)电磁干扰/干扰电频率干扰;
>
> f)动力源中断/电压波动;
>
> g)硬件/软件的兼容性与完整性不足。

图 4-1 外部影响(干扰)导致的危险示意图

根据外部影响(干扰)导致的七个危险大类的不同性质,也为了便于实施防护训练的教学安排,我们将它们分为以下4个训练任务:

任务一:温度/湿度变化的危险与防护;

任务二:冲击和振动的危险与防护;

任务三:烟尘和气体的危险与防护;

任务四:动力失配和电磁干扰的危险与防护。

通过完成项目4上述4个任务,本书读者将初步了解激光装置受外部影响(干扰)导致的各类危险知识,初步掌握预防各类危险的基础技能,为防止外部影响(干扰)导致的各类危险及造成的危害打下良好基础。

任务一　温度/湿度变化的危险与防护

【学习目标】

> **知识目标**
>
> 1. 掌握温度/湿度变化与测量基本知识
> 2. 了解温度/湿度变化对激光设备的危害
>
> **技能目标**
>
> 1. 正确识别使用常用温度/湿度计
> 2. 正确识别激光设备凝露部位和预防措施

【任务描述】

根据激光设备产品说明书要求,激光设备及激光器必须提供适当的工作环境温度和工作环境湿度条件,如表 4-1 所示。

表 4-1　激光设备及激光器工作条件

产品型号	RFL-C8000	RFL-C10000	RFL-C12000
供电电压	三相四线制 AC340V～AC420V、50/60Hz(含 PE)		
供电容量	＞50 kVA	＞65 kVA	＞80 kVA
安放环境	地面平整、无振动和冲击		
工作环境温度	10～40 ℃		
工作环境湿度	小于 70%		

在 40 ℃以上高温、相对湿度超过 70%的环境中工作,将导致激光设备和激光器工作不稳定或直接损坏,项目 4 任务一力求通过任务引领的方式学习温度与湿度测量知识和环境温度与湿度变化可能导致的危险相关知识、掌握温度与湿度测量和危害判断过程中涉及的主要技能。

【学习储备】

一、温度/湿度测量的基本知识

(一)温度测量的基本知识

1. 温度的基本概念

温度是表示物体冷热程度的基本物理量,是物体内部粒子热运动剧烈程度的外在表现之一。内部粒子运动越剧烈(缓慢),物体温度越高(低)。

物体最低温度是物体分子热运动完全静止时的温度,也称为是绝对零度——零下273.15℃,它一个理论的极限值,在实际中目前还无法达到。

物体最高温度是宇宙大爆炸发生后的一个普朗克时间内宇宙达到过的瞬间温度,温度数值大约为 1.417×10^{32} K,也称为普朗克温度。目前的物理学理论一般认为普朗克温度是宇宙曾经达到过的温度。

体感温度是指人体和外界接触所感受到的冷暖程度,它受到气温、相对湿度、风速及日照等多方面因素的综合影响。一般而言,相对湿度越高,天气温度高(低)时,体感温度高(低)于天气实际温度,如图 4-2 所示。

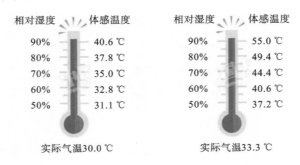

图 4-2 不同湿度下体感温度与天气温度的关系示意图

2. 温度标准

温度标准是用来量度物体温度数值的标尺,它规定了温度的读数起点和测量温度的基本单位。

绝对温标是国际通用的温度标准,也称为开尔文温标(K),常用在科学研究及理论分析计算中。在日常生活中,大多数国家常用摄氏(Celsius)温标(℃),美英和一些英语国家常用华氏(Fahrenheit)温标(℉)。这三种温标之间的直观关系示意图如图 4-3 所示,也可以根据相关公式进行换算,读者可以自行查找相关资料。

(二)湿度测量的基本知识

1. 湿度的基本概念

湿度是表示空气中水蒸气含量多少的尺度,是表示空气潮湿程度的物理量,空气中的水蒸气越多,湿度越大。

道尔顿分压定律说明,混合气体各组分中每一种气体都均匀地分布在整个容器内,据此我们可以推论,湿空气的气体压强 P 等于干空气的压强 P_A 与水蒸气的压强 P_B 之和,如图 4-4 所示。

水蒸气的压强 P_B 与环境温度有直接的关系,温度越高,水蒸气的压强越大,但在某一温度下有最大值,称为饱和水汽压 P_b,可以用各类经验公式来计算数值,比较知名的有 Magnus 经验公式、Emanuel 经验公式和 Tetens 经验公式等,我们可以根据不同的使用要求选用。

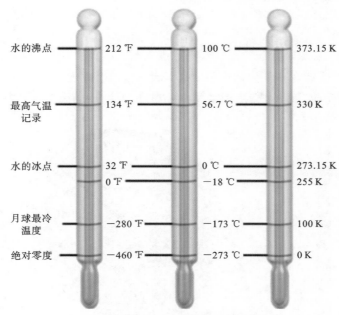

图 4-3　三种温标之间的直观关系示意图

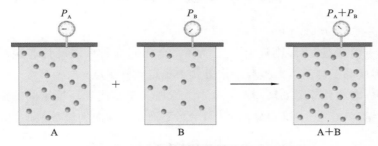

图 4-4　湿空气的气体压力 P 组成示意图

2. 湿度的表示方法

1）绝对湿度

绝对湿度是每立方米湿空气在标准状态下所含水蒸气的质量,即湿空气中的水蒸气密度(单位是 g/m^3),一般用符号 ρ 来表示。绝对湿度不易测量,通常通过数值计算得到。

2）相对湿度

相对湿度是气体中(通常为空气中)所含水蒸气量与其温度相同情况下饱和水蒸气量的百分比,一般用 RH％ 来表示。相对湿度可以通过测量方法比较容易得到。

相对湿度是生活中常用的湿度标准,相对湿度值小,湿空气饱和程度小,吸收水蒸气的能力就强,相对湿度值大,湿空气饱和程度大,吸收水蒸气的能力就弱。

(三) 常用温度/湿度测量仪器与使用方法

1. 常用温度/湿度计介绍

由于温度/湿度两个参数相互影响,在测量仪器中常常将测量温度和湿度的功能合并在一起,做成温度/湿度计。按显示方式分类,常用温度/湿度计有指针式温度/湿度计和数字式温度/湿度计两类。

1) 指针式温度/湿度计简介

指针式温度/湿度计在日常生活中得到了广泛应用,通常上部大的圆环表示温度计,下部小的圆环表示湿度计,用于测量室温的指针式温度/湿度计也称为寒暑表,如图 4-5 所示。

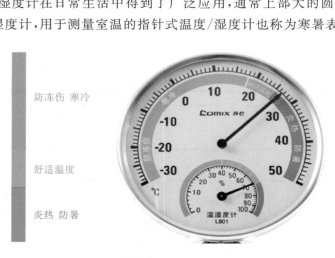

图 4-5　指针式温度/湿度计示意图

2) 干湿球温度/湿度计简介

顾名思义,干湿球温度/湿度计由两支规格完全相同的干球温度计和湿球温度计组成,通过测量干球温度和湿球温度差按照一定方式来确定空气湿度。

干湿球温度/湿度计外形如图 4-6 所示。干球温度就是测量环境空间的温度,旋转下面的圆盘,让干球温度(红字)对准湿球温度(黑字),下面箭头指向的读数就是相对湿度。

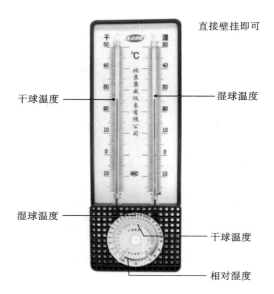

图 4-6　干湿球温度/湿度计湿度读数方法示意图

干湿球温度/湿度计在维护使用中只需定期给湿球加水及更换湿球纱布,更适合在粮食仓储、大棚养殖、蚕桑丝绸、烟草收烘、气象观察、食品加工等高温及大空间环境的场合使用。

3)数字式温度/湿度计简介

数字式温度/湿度计将对温度/湿度敏感的材料涂敷在电子元件的表面或复合进电子元件中,通过相关电路变换将温度/湿度数值直接显示在 LED 显示屏上,消除了指针式温度/湿度计测量精度低、显示不够直观的缺点。

电子式温度/湿度计(见图 4-7)的功能很多,除显示温度/湿度以外,还有时间、日期、一段时期内的高低温度、限报警等功能,更适合应用在工业生产或仓储之类的较稳定的环境条件。

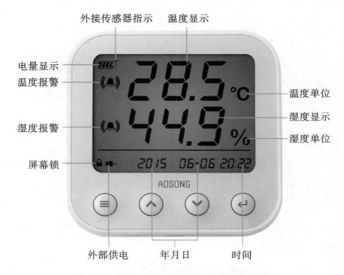

图 4-7 电子式温度/湿度计功能示意图

2. 温度/湿度计使用注意事项

1)温度/湿度计通用注意事项

(1)使用前先观察判断温度/湿度计的测量范围,是否适合待测物体。

(2)使用时注意调零,指针式应该看清楚分度值及零刻度线,读数时观察者的视线应尽量与温度/湿度计的刻度保持平行以便准确读数。

(3)温度/湿度计要等待示数稳定后再进行读数。

2)湿度计特别注意事项

(1)除了特定场合以外,湿度一般不需要全湿程(0~100%RH)范围测量。

(2)由于相对湿度是温度的函数,温度每变化 0.1 ℃,将产生 0.5%RH 的湿度误差。在多数情况下,±5%RH 的测量精度是足够的,在要求精确控制恒温、恒湿的局部空间,最高不超过±3%RH 的测量精度。

(3)时漂和温漂。

电子式湿度传感器年漂移量一般都在±2%左右,一次标定的有效使用时间为 1 年或 2 年,到期需重新标定。

应避免在酸性、碱性、含有机溶剂及粉尘较大的环境中使用湿度传感器，避免将传感器安放在离墙壁太近或空气不流通的死角处。

二、温度/湿度变化为激光设备和激光加工带来的危险

（一）凝露现象与露点温度

1. 凝露现象

水蒸气在空气中达到饱和程度时在温度相对较低的物体上发生凝结的现象，如图 4-8 所示。

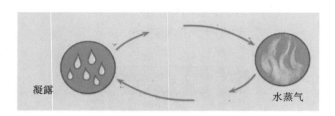

凝露   水蒸气

图 4-8　凝露现象示意图

2. 露点温度 T_d

露点温度是指工作环境周围的空气中析出凝露时的温度，本质上是在空气中水蒸气含量不变和气压不变的情况下，空气冷却达到水蒸气饱和时的温度，简称露点。0 ℃以上称为露点，0 ℃以下称为霜点。

表 4-2 所示的为不同环境温度和不同相对湿度对应的露点温度查询表，环境温度与相对湿度交叉的数值就是以摄氏温度表示的露点温度。

表 4-2　露点温度查询表

环境温度 T/℃	相对湿度/（RH%）															
	20	25	30	35	40	45	50	55	60	65	70	75	80	85	90	95
16				0	2	4	5	7	8	10	11	12	13	14	15	16
18			1	3	4	6	8	9	11	12	13	14	15	16	17	18
21		1	3	5	7	9	11	12	13	14	15	16	17	18	19	21
24		3	6	8	9	11	13	14	16	17	18	19	20	21	22	23
27	2	5	8	10	12	14	16	17	18	19	21	22	23	24	25	26
29	4	7	10	12	14	16	18	19	21	22	23	24	26	27	28	28
32	7	10	12	15	17	19	21	22	23	25	26	27	28	29	31	31
35	9	12	15	17	19	21	23	24	27	29	30	31	32	33	34
38	11	14	17	20	22	24	26	27	29	30	31	33	34	35	36	37

露点温度 T_d、环境温度 T 与相对湿度 RH% 之间存在着如下参考计算公式。

$$T_d = T - (100 - RH)/5, \quad RH \geqslant 50$$

例如，若相对湿度 RH%=80%，气温 T=30 ℃，则露点温度为

$$T_d = T - (100 - RH)/5 = 30 - (100 - 80)/5 = 26（℃）$$

（二）激光设备容易凝露部位案例分析

1. 不自带空调激光器凝露部位

使用不自带空调激光器且冷却水温低于激光器内环境的露点温度时,水分就会析出到电学和光学等核心模块上,如果仍不采取任何措施,激光器外表面也会跟随凝露,如图4-9所示。如果激光器外表面跟随凝露,说明内环境已经凝露,设备必须马上停机。

图4-9　不自带空调激光器凝露部位示意图

2. 自带空调激光器凝露部位

使用自带空调激光器且环境温度低于38 ℃时,工业空调能够维持激光器内环境的安全,但激光器外壳表面可能凝露,如图4-10(a)所示。

此时如果凝露不形成流动水珠,设备安全;如果有流动水珠且在激光器四周有明显水渍,必须为带空调激光器再建立一个安全不产生凝露的工作环境。

当环境温度高于38 ℃时,工业空调的制冷量不足以维持激光器内环境的安全,仍会出现内环境凝露,外环境也会跟随凝露,如图4-10(b)所示。此时,激光器四周不能有明显热源,冷水机的热出风口不能正对激光器。

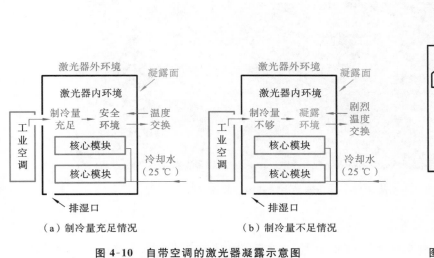

（a）制冷量充足情况　　　　（b）制冷量不足情况

图4-10　自带空调的激光器凝露示意图

图4-11　加工头内环境凝露示意图

3. 加工头内环境凝露

无论是切割头还是焊接头,大功率激光器加工头内部各类镜片由于冷却温度低于环境露点温度,有可能会造成加工头内壁和光学镜片凝露。如果使用低于环境露点温度的辅助气体,也可能造成光学镜片快速凝露,如图4-11所示。建议在各类气源和加工头中间加蒸发器,让气体温度接近环境温度,以降低凝露风险。

（三）消除设备凝露现象方法

1. 加装空调

设备场地加装空调或激光器安装在空调房内,使室内温度和湿度分别低于 27 ℃和 50%,能有效防范激光器内部电子或光学元件凝露。

2. 密闭机箱

保持设备各机箱密闭,隔绝机箱内、外部湿热空气交流。此时应仔细检查激光设备各机柜门是否存在并关紧,顶部的吊装螺栓是否拧紧,机箱后部未使用的通信控制接口的保护盖是否盖好,已使用的通信控制接口是否固定好。

3. 保持开机状态

在保证安全的前提下保持激光器处在开机状态,不加工时只关闭水冷机,不关闭激光器,空调保持运行状态。

4. 注意开关机顺序

高功率激光器有着严格的开关机顺序,不能出现激光器已经关机,冷水机还在运行的情况,如图 4-12 所示。

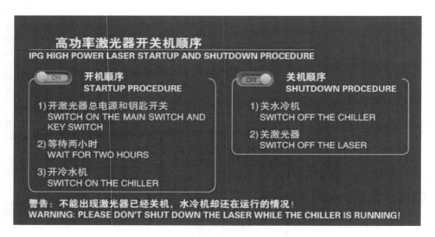

图 4-12 高功率激光器开关机顺序示意图

5. 合理设置冷水机温度

冷水机出口水温首先应满足激光器的制冷要求,同时为了防止激光设备出现凝露现象,确保高于激光设备工作环境对应的露点温度。

例如,如果环境温度为 29 ℃,相对湿度为 60%,从表 4-2 可以查得露点温度为 21 ℃,那么冷水机的设定温度必须在 22 ℃以上,以防止激光器内部凝露。

另外,激光器与其他光学元件必要时可采用分开水冷方式,设置冷却温度各不相同,例如,激光器低温设置水温为 26 ℃,其他元器件为 30 ℃。

(四)温度/湿度变化危险案例

1．对激光器的危害

激光器工作时会产生热量,导致工作物质及其相关器件工作温度升高,将极大影响激光器的输出波长、输出功率、模式稳定性等特性。

图 4-13 所示的为某种半导体激光器工作温度和激光器出光阈值电流关系示意图。我们可以看出,当工作温度达到 400 K 时,阈值电流达到 160 mA,是工作温度 300 K 时的接近 4 倍。

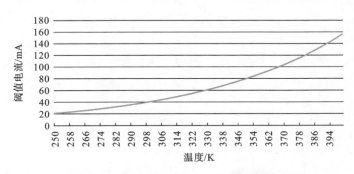

图 4-13　激光器工作温度和激光器出光阈值电流关系示意图

激光器的阈值电流增加,将使得其输出功率降低、输出波长向上漂移、模式不稳定,增加内部缺陷,严重影响器件的寿命。使用倍频晶体的激光器,温度变化会造成倍频晶体热胀冷缩而改变了微观结构,最终造成激光器波长变化。

2．对光学器件的危害

1)热透镜效应

热透镜效应是光学器件受到激光束连续较长时间照射温度升高或受到脏污损坏产生热变形,进而引起透射型光学元件的折射率和反射型光学元件的反射方向发生变化的现象,通俗的理解就是透射型光学元件中间变厚、反射型光学元件各向异性。另外,在激光设备中,所有依靠水冷却的器件,包括激光器、振镜及光学镜片在高温高湿的环境中都易产生凝露现象。凝露现象产生的露珠也可以近似看成一个"水透镜",产生类似热透镜效应的效果。

合束镜是典型的透射镜片,合束镜镜片无热透镜效应时激光束应大致平行传播,如图 4-14(a)所示。

当镜片产生热透镜效应时,热变形会使得平面透射镜变成类似凸透镜的效果,光线改变传播方向产生汇聚作用,如图 4-14(b)所示。

振镜 X-Y 镜片是典型的反射镜片,X-Y 镜片无热透镜效应时光线应该大致按一定方向平行传播,如图 4-14(a)所示。

当镜片产生热透镜效应时,热变形会使得平面反射镜变成类似凸面反射镜的效果,光线传播方向可能产生汇聚,也可能变得不规则,如图 4-14(b)所示。

场镜是典型的透射镜片,对光斑起到聚焦作用,正常情况下焦点在一个水平面上,如图 4-15(a)所示。

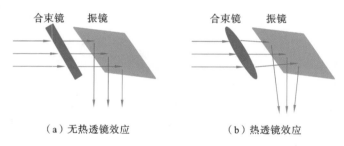

（a）无热透镜效应　　　（b）热透镜效应

图 4-14　合束镜和振镜 X-Y 镜片热透镜效应示意图

当镜片产生热透镜效应时，场镜的聚焦能力变强，聚焦后的光斑变小、焦距和焦深变短，同时整个作用平面的焦点可能不在一个水平面上，使得激光加工产品的中心和边缘加工效果不一致，如图 4-15（b）所示。

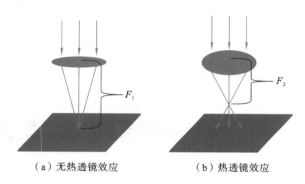

（a）无热透镜效应　　　（b）热透镜效应

图 4-15　场镜热透镜效应示意图

2）消除与改善热透镜效应

对于合束镜、场镜等透射型光学元件，我们可以选用热膨胀系数较小的复合材料或石英材料，通过定期检查和清洁镜片避免杂质污染及挑选膜通透性好的镜片等方法以消除与改善热透镜效应。

反射型光学元件可以在其背面安装冷却元器件以改善和消除热透镜效应。

3. 对电气系统的危害

环境湿度过大，会使激光设备存在高压的部件和器件容易放电，可能导致触电事故甚至造成人员伤亡。凝露现象，可能导致电子器件短路烧毁、光学镜片污染等故障，降低激光设备器件使用性能，严重时甚至损坏器件。

建议激光设备开机时激光电源应该预热足够时间，阴雨天及潮湿环境预热时间应该更长一些，确定排湿后才能加上高压以防高压电路击穿。

4. 对机械结构的危害

对机械结构而言，环境温度影响不用过度担心。如果环境温度过低，比如车间温度在 0 ℃ 以下，容易造成设备机械结构气管和线缆老化、断裂，产生漏气和接触故障，长期低温状态工作也会造成机械结构磨损过大,过早老化。环境温度过高,主要影响设备控制系统的稳定性,造成反应迟缓、死机等问题。

【任务实施】

(1)制订项目4任务一工作计划,填写项目4任务一工作计划表(见表4-3)。

表4-3　项目4任务一工作计划表

1. 任务名称			
2. 搜集整理项目4任务一课外书、网站、公众号	(1)	课外书	
	(2)	网　站	
	(3)	公众号	
3. 搜集总结项目4任务一主要知识点信息	(1)	知识点	
		概　述	
	(2)	知识点	
		概　述	
	(3)	知识点	
		概　述	
	(4)	知识点	
		概　述	
	(5)	知识点	
		概　述	
4. 搜集总结项目4任务一主要技能点信息	(1)	技能点	
		概　述	
	(2)	技能点	
		概　述	
	(3)	技能点	
		概　述	
5. 工作计划遇到的问题及解决方案			

(2)完成项目4任务一实施过程,填写项目4任务一工作记录表(见表4-4)。

表4-4　项目4任务一工作记录表

工作任务		工作流程	工作记录
1.	(1)		
	(2)		
	(3)		
	(4)		

续表

工作任务	工作流程		工作记录
2.	(1)		
	(2)		
	(3)		
	(4)		
3.	(1)		
	(2)		
	(3)		
	(4)		
4. 实施过程遇到的问题及解决方案			

【任务考核】

（1）培训对象完成项目 4 任务一以下知识练习考核题。

① 利用激光设备说明书和互联网查找相关资料，写出激光设备对安装场地环境的主要要求，填写表 4-5。

表 4-5　激光设备安装场地主要要求

序号	主要要求	具体内容	序号	主要要求	具体内容
1			4		
2			5		
3			6		

② 描述物体最高温度、最低温度和露点温度以及人体体感温度的基本概念。

③ 写出某个饱和水汽压的经验公式名称和应用范围。

④ 写出绝对湿度和相对湿度的物理意义及表示符号。

a. 绝对湿度

b. 相对湿度

⑤ 简述激光设备产生凝露现象的原因及影响,总结防止激光设备产生凝露现象的一般措施。

⑥ 简述热透镜效应,分析它对激光设备常用光学器件的危害。

(2) 培训对象完成项目 4 任务一以下技能训练考核题。

① 利用课内外教材、网站、公众号等资源,搜集本企业或外企业激光设备(场地)容易发生凝露现象的部位(或器件)案例,收集整理该设备消除凝露现象的具体措施,填写表 4-6。

表 4-6 激光设备发生凝露现象案例训练

企业名称		设备名称	
凝露部位	消除措施		
1.			
2.			
3.			

② 测量、记录本企业设备安装场地的摄氏温度,利用计算公式将其换算为华氏温度及绝对温度,利用手机界面完成摄氏温度、华氏温度、体感温度和绝对温度之间的相互转换,填写表 4-7 并在培训学员之间相互展示。

表 4-7 不同温度标准之间的温度测量及转换技能训练

序号	项目	数值及计算方法
1	测量摄氏温度 T/℃	
2	计算华氏温度 T/℉	
3	计算绝对温度 T/K	
4	转换体感温度 T/℃	

（3）培训教师和培训对象共同完成项目 4 任务一考核评价，填写考核评价表（见表 4-8）。

表 4-8 项目 4 任务一考核评价表

评价项目	评价内容	权重	得分	综合得分
专业知识	知识练习考核题完成情况	40%		
专业技能	技能训练考核题完成情况	40%		
综合能力	培训过程总体表现情况	20%		

任务二　冲击和振动的危险与防护

【学习目标】

> **知识目标**
> 1. 了解冲击危险基本知识
> 2. 掌握冲击危险防护方法
> 3. 了解振动危险基本知识
> 4. 掌握振动危险防护方法
>
> **技能目标**
> 1. 识别激光设备冲击危险防护装置
> 2. 识别激光设备振动危险防护装置

【任务描述】

从本项目 4 任务一中的表 4-1 我们知道，必须为激光设备及激光器提供地面平整、无冲击和振动的安装环境。

冲击是冲击载荷的简称，振动是振动载荷的简称，冲击和振动是既互相关联又有所区别的两类现象，解决冲击和振动所带来危害的方法也是既互相关联又有所区别。激光设备既可能受到外部冲击和振动的环境影响而导致设备状态不稳定或损坏,也可能设备自身成为产生冲击和振动的来源。

项目4任务二力求通过任务引领的方式学习冲击和振动可能导致的危险相关知识,掌握冲击和振动防护过程中涉及的必要知识和主要技能。

【学习储备】

一、冲击和振动危害基本知识

(一)冲击及其危害基本知识简介

1. 载荷的分类知识

1)载荷简述

载荷在机械设计中通常是指施加于机械或结构上的外力,在动力机械中通常是指完成工作所需的功率,在电气设备装置或电子元件中通常从电源所接收的功率。有时我们也把某种能引起机械结构内力的非力学因素称为载荷,如光子和声波通过空间传播作用到物体上形成的光强和声强也可以看成是一种载荷。

2)载荷分类

根据载荷的大小、方向和作用点是否随时间变化进行分类,载荷可以分为静载荷和动载荷。静载荷包括不随时间变化的恒载(如自重)和加载变化缓慢以至可以略去惯性力作用的准静载(如锅炉压力)。动载荷包括短时间快速作用的冲击载荷(如空气锤)、随时间做周期性变化的周期载荷(如空气压缩机曲轴)和非周期变化的随机载荷(如汽车发动机曲轴)。

根据载荷分布情况,载荷可以分为集中载荷和分布载荷。图4-16所示的为在吊车大梁上悬挂重物后的大梁的载荷分布,由于重物分布范围远小于轮轴或大梁的长度,因此可以认为载荷是集中载荷 Q,而大梁的自重是分布载荷中的均匀载荷 q,它们的常用单位为牛顿(N)或千牛顿(kN)。分布载荷还可以分为体载荷、面载荷和线载荷三类,这里不再赘述。

载荷可用计算方法或实测方法获得。根据额定功率用力学公式计算出的载荷称为额定载荷,考虑到载荷随时间作用和分布的不均匀性以及其他零件受力情况等因素的综合影响,我们常用载荷系数做出相应修正,载荷系数与名义载荷的乘积称为计算载荷。

2. 冲击载荷的概念

在很短的时间内(作用时间小于受力机构的基波自由振动周期的一半)以很大的速度作用在构件上的载荷称为冲击载荷,它是动载荷的一个种类。

很多设备在工作时会产生冲击载荷,如冲床、锻锤、凿岩机、铆钉枪等都是在冲击载荷下工作的,机床工作台启动、停止及换向等过程也要有冲击载荷。

工作环境和设备自身的冲击载荷可能对激光设备激光器系统和光学传递系统带来严重影响甚至造成各类事故,必须引起重视。

冲击韧性是反映金属材料抵抗外来冲击载荷的能力,可由冲击韧性值 a_k(单位:J/cm^2)

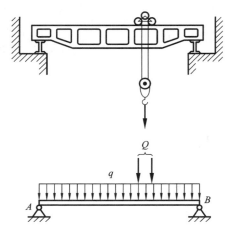

图 4-16　集中载荷和分布载荷示意图

或冲击功 A_k（单位：J）表示，我们可以通过冲击韧性值或冲击功实验测试得到材料的冲击韧性值，一般在常温下试验温度。

3. 夏比冲击试验基本方法

1）试验概述

夏比冲击试验广泛应用于测定金属材料的冲击韧性性能，这成为材料性能不可缺少的检查项目，《金属材料　夏比摆锤冲击试验方法》（GB/T 229—2020）对此有严格表述，感兴趣的读者可以详细阅读相关标准资料。

2）试验原理

将规定几何形状的缺口试样置于试验机两支座之间，缺口背向打击面放置，用摆锤一次打断试样，按照摆锤打断冲击试样后损失多少能量来计算冲击功 A_k 或冲击韧性值 a_k，并判断断裂缺口的其他相关缺陷，如图 4-17 所示。

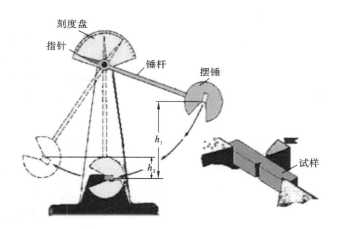

图 4-17　夏比冲击试验示意图

3）注意事项

试样缺口形状可分为 V 形缺口和 U 形缺口两种。一次试验试样数量应不少于三个,尽量消除试验结果的离散性。试验结果应至少保留两位有效数字,试样试验后没有完全断裂,可以报出冲击吸收能量,或与完全断裂试样结果平均后报出。试验机打击能量不足使试样未完全断开,吸收能量不能确定,试验报告应注明用试样未断开。如果试样卡在试验机上,试验结果无效,应彻底检查试验机,以免影响测量的准确性。

4. 冲击对人体的危害

冲击对人体的危害主要有物体打击、机械伤害和空气冲击波伤害等方式。物体打击是指物体在重力或其他外力的作用下产生运动,打击人体而造成人身伤亡事故。我们已经在项目 3 中对机械伤害做过比较详细的介绍。空气冲击波对人体的一种击伤作用是对内脏(肺)和耳的直接击伤,另一种作用是冲击波给人体一定的冲量使人体获得一定速度的运动,在遇到障碍物时,会造成间接击伤,这一部分内容我们将在项目 5 中详细介绍。

(二)振动及其危害基本知识

1. 常见可能的振动源

(1)铆钉机、凿岩机、风铲等风动工具。

(2)电钻、电锯、油锯、砂轮机、抛光机、研磨机、养路机等电动工具。

(3)内燃机车、船舶、摩托车等运输工具。

(4)拖拉机、收割机、脱粒机等农业机械。

2. 振动源分类及参数

1）振动简述

振动是物体(或物体的一部分)在外力作用下沿直线或弧线平衡位置为基准所做的往复运动,如图 4-18 所示简谐振动示意图。

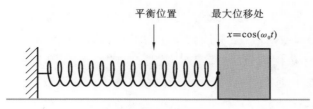

图 4-18　简谐振动示意图

一个做往复简谐振动的物体,如果其偏离平衡位置的位移为 x,物体离平衡位置的最大距离为振幅 A,位移为 x 与振幅 A 随时间 t 按余弦(或正弦)规律变化,即 $x=A\cos(\omega t+\Phi_0)$,时间 t 即为振动周期,单位时间(s)内振动的次数称为频率,Φ_0 为初始相位,振动加速度也是影响人体健康的基本参数之一。

2）振动分类

按产生振动的原因,振动可分为自由振动、受迫振动和自激振动。按振动规律,振动可分为简谐振动、非谐周期振动和随机振动。按振动系统结构参数特性,振动可分为线性振动和非线性振动。按振动位移的特征,振动可分为扭转振动和直线振动。

自由振动是去掉激励或约束之后系统的振动,它的频率只取决于系统本身的物理性质,一般称为固有频率。

受迫振动是系统受外界持续激励所产生的振动,其中简谐振动是最简单的振动方式。受迫振动包含瞬态振动和稳态振动两个阶段,经过短暂瞬态振动时间后系统进入稳态振动阶段,振动频率与激励频率相同。当激励频率接近系统固有频率时,系统振幅将急剧增加。当激励频率等于系统共振频率时产生共振,在设计和使用设备时必须防止共振现象。

自激振动是不存在外界激励时产生的稳定非线性周期振动,与初始条件无关,频率等于或接近于系统固有频率。如飞机飞行中机翼的颤振、机床工作台在滑动导轨上低速移动时的爬行、钟表摆的摆动和琴弦的振动等现象。

3. 振动对人体的危害

1) 振动对人体作用分类

振动对人体的危害分为全身振动和局部振动两个类别,对人体的危害及其临床表现是明显不同的。

全身振动是振动源(振动机械、车辆、活动的工作平台)通过身体的支撑部分(足部和臀部)沿下肢或躯干传递到全身的振动方式,频率为 $1\sim20$ Hz。典型的全身振动作业主要集中在振动机械的操作领域,如锻工、震源车、车载钻机、钻井发电机及人工地震作业等设备上作业。

局部振动是振动源通过振动工具、振动机械或振动工件传递给操作者的手和前臂的振动方式,频率为 $20\sim1000$ Hz。典型的局部振动作业主要是使用振动工具的各工种,如砂铆工、锻工、钻孔工、捣固工、研磨工,以及电锯、电刨的使用者等。

全身振动和局部振动的划分是相对的,在一定频率范围(如 20 Hz 以下)既可能有局部振动作用又可能有全身振动综合作用。

从物理学和生物学的观点看,振动不仅可以引起机械效应,更重要的是可以引起生理和心理的效应。人体受到振动后,振动波在组织内的传播,由于各组织的结构不同,传导的程度也不同,其大小顺序依次为骨、结缔组织、软骨、肌肉、腺组织和脑组织,40 Hz 以上的振动波易为组织吸收,不宜向远处传播,低频振动波在人体内传播得较远。

2) 全身振动对人体的危害

接触强烈的全身振动所产生的能量可能会引起操作者一系列病变。人体是一个弹性体,各器官的固有频率为 $3\sim14$ Hz,当外来振动的频率与人体某器官的固有频率一致时会引起共振现象,此时对该器官的影响也最大。

全身振动可能会导致内脏器官的损伤与位移和人体周围的神经与血管功能的变化,引起足部疼痛、下肢疲劳、足背脉动减弱、皮肤温度下降等现象。全身振动还可以使人出现前庭功能障碍,导致内耳调节平衡功能失调,出现脸色苍白、恶心、呕吐、出冷汗、头痛头晕、呼吸浅表、心率和血压下降等症状,如晕车、晕船就是全身振动的典型性表现,全身振动也会引起腰椎等损伤。

3）局部振动对人体的危害

局部接触强烈振动的方式主要是以手接触振动工具,根据工作状态的不同,振动可以传递给一侧或双侧手臂,也可以传递给肩膀。长期持续使用振动工具能够造成末梢循环、末梢神经和骨关节肌肉运动系统障碍,严重时发生振动病。

神经系统以上肢末梢神经的感觉和运动功能障碍为主,皮肤感觉、痛觉、触觉、温度功能下降,血压及心率不稳,脑电图有改变。心血管系统周围毛细血管形态及张力改变,上肢大血管紧张度升高,心率过缓,心电图改变。肌肉系统握力下降,肌肉萎缩、疼痛等。骨组织和关节改变,出现骨质增生、骨质疏松等。听觉器官低频率段听力下降,如与噪声结合可加重对听觉器官的损害。其他损害还有食欲不振、胃痛、性机能低下、妇女流产等。

振动病是国家法定职业病,又称为职业雷诺现象、振动性血管神经病、气锤病或振动性白指病等,如图 4-19 所示。

职 业 危 害 告 知 卡		
	健 康 危 害	**理 化 特 性**
手传振动 Hand transmitted vibration	对人体是全身性的影响,长期接触较强的局部震动,可以引起外周和中枢神经系统的功能改变;自主神经功能紊乱;外周循环功能改变,外周血管发生痉挛,出现典型的雷诺现象。典型临床表现为震动性白指(VWF)。	手传振动4 h等能量频率计权振动加速度限值5 m/s²。
	应 急 处 理	
	根据病情进行综合性治疗,应用扩张血管及营养神经的药物,改善末梢循环。必要时进行外科治疗。患者应加强个人防护,注意手部和全身保暖,减少白指病的发作。	
	防 护 措 施	
对健康有害	在可能的条件下以液压、焊接、粘结代替铆接;设计自动、半自动操作或操纵装置防止直接接触振动;机器设置隔振地基,墙壁装设隔振材料;调整劳动休息制度,减少接触振动时间;就业前体检,处理禁忌证者。	
标准限值:5 m/s²	检测数据:4.2 m/s²	检测日期:2023年7月21日

图 4-19　局部振动病职业危害告知卡示意图

振动病由局部肢体(主要是手和足)长期接触低频、大振幅强烈振动引起,早期肢体振动感觉减退,夜间有手麻、手痛、手膨胀、手冷、手掌出汗等现象,工作后发生手僵、手颤、手无力,遇冷肢体即出现缺血发白等现象,严重时血管痉挛明显,X 射线照片可见骨及关节改变。

4）振动参数对人体的影响

振动频率、振幅和加速度是振动危害作用于人体的主要因素。另外,气温(特别是寒冷)、噪声、接触时间、体位和姿势、个人差异、被加工部件的硬度、冲击力和人体紧张程度等因素都会影响振动对人体的危害作用。

人体只会对 1～1000 Hz 振动产生振动感觉。30～300 Hz 主要是引起末梢血管痉挛,发生白指病。频率相同时,加速度越大对人体危害越大。振幅大、频率低的振动主要作用于前庭器官,并可使内脏产生移位。频率一定时,振幅越大,对机体影响越大。寒冷是振动病发病的重要外部条件之一,寒冷可导致血流量减少,使血液循环发生改变,导致局部供血不足,促进振动病发生。接触振动时间越长,振动病发病率越高。另外,人对振动的敏感程度与身体所处位置有关,人体立位时对垂直振动敏感,卧位时对水平振动敏感。如果有的作业要采取强制体位,甚至胸腹部或下肢紧贴振动物体,此时振动的危害更大。加工工件硬度较大时危害亦大,冲击力大的振动易使骨、关节发生病变。

二、冲击和振动危险防护方法

(一)振动和冲击对激光设备的危害

1. 危害典型案例

(1)调好的激光设备内光路和外光路失调,带来激光设备的诸多固有危险和外部影响(干扰)危险增加。

(2)激光设备各系统内部没有附加紧固零件的插装元器件会从插座中跳出来,并碰到其他元器件而遭到损坏。

(3)振动引起弹性零件变形,使激光设备各系统内部具有触点的元件(电位器、波段开关、播头插座)可能产生接触不良或完全开路。

(4)激光设备面板各类指示灯忽暗忽亮,仪表指针不断抖动,观察者读数不准,视力疲劳,容易造成误动作。

(5)激光设备各系统内部电子元件的固有频率与振动源的激振频率相同时会产生共振现象。例如,可变电容器片共振时使电容量发生周期性变化,振动使调谐电感的铁芯移动,引起电感量变化,造成回路失谐,工作状态改变。

(6)激光设备各类导线变形移位,引起分布参数的变化,造成电容、电感的耦合干扰。

(7)激光设备各类元件锡焊或熔焊处断开,材料变形,脆性材料破裂。

(8)激光设备各类紧固螺钉、螺母松开,密封和防潮措施被破坏。

2. 元件(设备)破坏形式

1)强度破坏

设备在某一激振频率作用下产生共振,其振幅越来越大,最后因振动加速度超过设备的极限加速度而被破坏;或者由于冲击所产生的冲击力超过了设备的强度极限而使设备被破坏。

2)疲劳破坏

振动加速度或冲击引起的应力虽远远低于材料在静载荷下的强度极限,但由于长期振动或冲击使设备疲劳破坏。

设备疲劳破坏的原因为:除了零部件的设计、制造和装配质量不合格等以外,主要是在设计整机或零部件时,没有考虑防震和缓冲的措施;或者振动或隔离系统设计不正确所造成的。

（二）振动和冲击危害控制与防护

1. 提高设备抗振动和冲击能力

采用各种方法使激光设备各元器件及结构件有足够的强度与刚度，提高设备抗振动和冲击能力，如图4-20所示的各类方法。

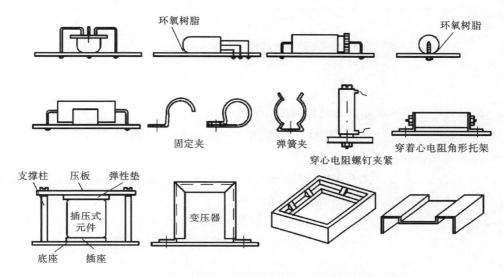

图4-20 各种元器件提高抗振动和冲击能力的安装固定方法

图4-20(a)所示的为改变元器件的安装方式。图4-20(b)所示的为将元器件紧贴电路板并用环氧树脂贴牢。图4-20(c)所示的为将元器件用固定夹固定。图4-20(d)所示的为用穿心螺钉或固定支架固定大功率穿心电阻。图4-20(e)所示的为用压板螺钉或特制支架，来固定插入式元器件或变压器。图4-20(f)所示的为应用加强筋或弯曲叠边来增强铸件或钣金件的强度与刚度。

2. 采取物理材料隔振措施

1）主动隔振

如图4-21(a)所示，振源产生周期变化的力为U，在振源与支承之间安装一个弹簧减振器，则振源的力U被弹簧吸收，则支承上的力很小，支承基本不振动，则安装在支承上所有激光设备受到了保护。

在地板和设备基础上采取橡胶减振层、软木减振垫、玻璃纤维毡减振垫、复合装置等隔振措施都是主动隔振的具体案例。

2）被动隔振

如图4-21(b)所示，支承有周期性的振动，振幅为A，在支承与激光设备之间安装一个弹簧减振器，支承的振动被减振器吸收，支承振动基本上不会传入激光设备，激光设备受到了保护。

例如，运载激光设备的汽车长期行驶在不平坦的道路上，路面波动会造成汽车自身振动，为了减小汽车振动对激光设备的影响，在设备与汽车车架之间可以安装减振器。

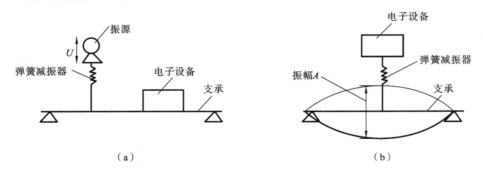

（a）   （b）

图 4-21   物理材料隔振措施示意图

3. 采取先进工艺和现场管理减振措施

（1）改进设备和工艺方法，用液压、焊接、粘接代替铆接，尽量减少甚至取消手持风动工具作业，消除振动源是减振的最根本措施。

（2）采用自动、半自动操纵装置，以减少操作者肢体直接接触振动源的次数，降低设备振动强度，减少手持振动工具的重量，减少肌肉负荷等。

（3）确有手持振动工具者必要的，操作者应佩戴双层衬垫无指手套或衬垫泡沫塑料无指手套，并注意保暖防寒，作业场所温度应该保持在 16 ℃以上。

（4）建立定期交替用工制度以利于人体各器官系统功能恢复，定期体检，尽快发现受到振动损伤的员工，及时治疗振动损伤的员工。

【任务实施】

（1）制订项目 4 任务二工作计划，填写项目 4 任务二工作计划表（见表 4-9）。

表 4-9   项目 4 任务二工作计划表

1. 任务名称			
2. 搜集整理项目 4 任务二课外书、网站、公众号	（1）	课外书	
	（2）	网　站	
	（3）	公众号	
3. 搜集总结项目 4 任务二主要知识点信息	（1）	知识点	
		概　述	
	（2）	知识点	
		概　述	
3. 搜集总结项目 4 任务二主要知识点信息	（3）	知识点	
		概　述	
	（4）	知识点	
		概　述	
	（5）	知识点	
		概　述	

4. 搜集总结项目 4 任务二主要技能点信息	(1)	技能点	
		概　述	
	(2)	技能点	
		概　述	
	(3)	技能点	
		概　述	
5. 工作计划遇到的问题及解决方案			

（2）完成项目 4 任务二实施过程，填写项目 4 任务二工作记录表（见表 4-10）。

表 4-10　项目 4 任务二工作记录表

工作任务	工作流程		工作记录
1.	(1)		
	(2)		
	(3)		
	(4)		
2.	(1)		
	(2)		
	(3)		
	(4)		
3.	(1)		
	(2)		
	(3)		
	(4)		
4. 实施过程遇到的问题及解决方案			

【任务考核】

（1）培训对象完成项目 4 任务二以下知识练习考核题。

① 搜集整理载荷的分类相关信息，填写表 4-11。

表 4-11　载荷的分类信息

载荷大类名称	载荷分类名称	典型案例
1.		

续表

载荷大类名称	载荷分类名称	典型案例
2.		
3.		

② 搜集整理振动的分类相关信息,填写表 4-12。

表 4-12　振动的分类信息

振动大类名称	振动分类名称	典型案例
1.		
2.		

③ 写出如图 4-22 所示材料试验设备的名称并补全所标注位置的文字资料,回答以下问题。

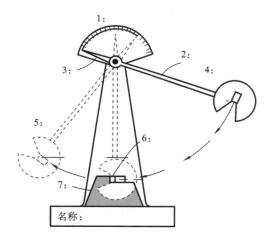

图 4-22　某材料试验设备示意图

a. 为什么冲击韧性值 a_k 一般不用于定量换算,只用于相对比较?

b. 冲击试样为什么要开缺口,主要有两种什么类型?

④ 搜集整理振动对人体的危害的分类相关信息,填写表 4-13。

表 4-13　振动对人体的危害信息

序号	危害名称	主要症状
1		
2		

(2)培训对象完成项目 4 任务二以下技能训练考核题。

① 利用课内外教材、网站、公众号等资源,搜集本企业或外企业激光设备或所使用元件提高抗振动和冲击能力案例与具体措施,填写表 4-14。

表 4-14　激光设备提高抗振动和冲击能力案例训练

企业名称	
设备(元件)名称	案例和具体措施
1.	
2.	
3.	
4.	
5.	
6.	

② 利用课内外教材、网站、公众号等资源,搜集整理本企业或外企业关于振动对人体造成职业病的危害告知卡,根据自己的实际工作岗位,试着改写其中部分的文字或更换其中的图片内容,并与企业的安全员讨论改写和更换的效果,填写表 4-15。

表 4-15　更改振动职业病危赛告知卡训练

企业名称	
岗位名称	
职业病告知卡名称	

原文字或图片	改动文字或图片

安全员意见及签名:

本人签名:

（3）培训教师和培训对象共同完成项目 4 任务二考核评价，填写考核评价表（见表4-16）。

表 4-16　项目 4 任务二考核评价表

评 价 项 目	评 价 内 容	权重	得 分	综 合 得 分
专业知识	知识练习考核题完成情况	40％		
专业技能	技能训练考核题完成情况	40％		
综合能力	培训过程总体表现情况	20％		

任务三　烟尘和气体的危险与防护

【学习目标】

知识目标

1. 掌握烟尘危险及处理基础知识

2. 了解洁净厂房基础知识

3. 掌握激光加工气体基础知识

4. 了解气瓶搬运装卸储存使用基础知识

技能目标

1. 识别选用激光设备烟尘处理装置

2. 识别选用激光加工供气装置

【任务描述】

在激光加工过程中会产生大量的烟尘，会对员工带来很大的身体危害，会对环境产生很大的破坏，同时也会对产品加工质量带来很大的影响，必须利用附加装置对烟尘进行及时、高效的处理。在激光加工过程中需要不同类型的辅助气体，这些气体大多具有高压、易燃、易爆的特点，这些气体成为激光加工时可能的安全隐患。

在激光设备制造企业完成设备现场安装后，必须在产品说明书上写明设备烟尘处理装置和辅助气体安全使用的注意事项，这些具体要求体现在国家和相关行业制定的不同标准之中，我们应该从这些标准中尽可能不遗漏地挑选出全部要求并落实到具体的工作任务当中。

项目 4 任务三力求通过任务引领的方式让读者掌握烟尘危害和气体危险相关知识，掌握烟尘危害和气体危险防护涉及的主要技能。

【学习储备】

一、烟尘危害及处理基本知识

(一)激光加工烟尘基本知识

1. 激光加工烟尘分类知识

烟尘有广义和狭义两个概念,广义烟尘是指加工中产生的有气味烟尘状混合物的总称。按照污染物状态分类,广义烟尘包含气态污染物、气溶胶(aerosol)污染物和大颗粒粉尘污染物三个大类。狭义烟尘一般不包括大颗粒粉尘污染物。例如,在塑料激光切割过程中产生的烟尘成分中,大约5%是一氧化碳、二氧化碳、甲醇、乙醇、甲烷、甲醛等气态污染物,另外95%是大部分气溶胶颗粒物,在不正确的工艺参数下可能会产生少量的大颗粒粉尘。

2. 气态污染物基本概念

气态污染物由各类有机污染气体(如烃类、醇类、醛类、酸类、酮类和胺类等物质)和无机污染气体(如硫氧化物、氮氧化物、碳氧化物、卤素及其化合物等物质)组成,气体分子的直径数量级一般为纳米级,如表4-17所示。

表 4-17 典型气态污染物分子直径

气体种类	动力学直径/mm
He	0.260
H_2	0.289
NO	0.317
CO_2	0.330
Ar	0.340
O_2	0.346
N_2	0.364
CO	0.376
CH_4	0.380
C_2H_4	0.390
Xe	0.396
C_3H_8	0.430

3. 气溶胶污染物基本概念

气溶胶是指悬浮在气体介质中的固态或液态颗粒所组成的气态分散系统,它具有胶体性质,如大气中的气溶胶对光线有散射作用,气溶胶颗粒做布朗运动,不因重力而沉降,可悬浮在大气中长达数月、数年之久。

气溶胶直径为 $0.001\sim100\ \mu m$,如图4-23所示。按颗粒物直径大小可以分为总悬浮颗粒物($D \leqslant 100\ \mu m$,简称 TSP)、可吸入颗粒物($D \leqslant 10\ \mu m$,简称 PM10)和细颗粒物($D \leqslant 2.5$ μm,简称 PM2.5)三大类。

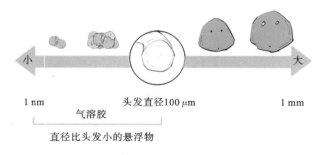

图 4-23　气溶胶污染物分子直径示意图

4. 大颗粒粉尘污染物基本概念

大颗粒粉尘污染物的颗粒物直径为 $100\ \mu m \leqslant D \leqslant 1\ mm$,部分大颗粒粉尘会因重力而迅速沉降,部分大颗粒粉尘也可悬浮在大气中一段时间。

（二）激光加工烟尘处理基本知识

1. 激光加工烟尘处理基本方法

由于激光加工烟尘既包含气溶胶污染物和大颗粒粉尘污染物,又包含异味、有毒、有害气态污染物,我们用除尘这个专业术语来表示烟尘中的气溶胶污染物和大颗粒粉尘污染物的处理过程,用净化这个专业术语来表示烟尘中的气态污染物的处理过程,在具体设备上往往同时采用除尘和净化两种方法,以达到更好的烟尘处理效果。

2. 烟尘净化主要方法

1）吸附法

吸附法利用多孔、松散的固体吸附介质吸附气态污染物。常用吸附介质有活性炭、活性氧化铝分子筛等材料。吸附法废气净化效率高,但要经常更换吸附剂。

活性炭是一种黑色微晶质碳素材料,适用于吸附大风量低浓度苯、醇、酮、酯、汽油类等有机溶剂的工业废气,对固体颗粒粉尘和微粒物的吸附性也很强。

分子筛是人工合成的具有筛选气体分子作用的水合硅铝酸盐（泡沸石）或天然沸石,内部微孔孔径与分子大小相当,是一种成本较高的吸附剂。

2）吸收法

吸收法利用液体吸收介质吸收气态污染物,水是最常用的吸收介质,将气态污染物和水充分接触,气态污染物中很多易溶于水的物质被水吸收溶解达到净化的目的,该工艺的缺点是要进行"污水"二次处理。

3）燃烧法

燃烧法通过燃烧氧化、裂解和分解气态污染物中的有机成分,使其转化成无毒的 CO_2 和 H_2O,以达到净化的目的,广泛应用于有机溶剂及碳氢化合物的净化处理,如图 4-24 所示。

该法简便易行且可回收热能,但不能回收有害气体,易造成二次污染。

4)冷凝法

冷凝法是利用气体物质具有不同饱和蒸汽压的性质,采用降低气态污染物温度或提高气态污染物压力的方法,使处于气体状态的气态污染物冷凝并分离出来的过程,以达到废气净化的目的,如图 4-25 所示。

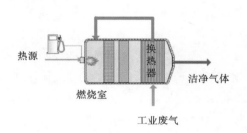 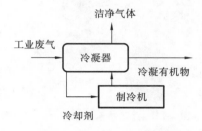

图 4-24　燃烧法废气净化示意图　　　图 4-25　冷凝法废气净化示意图

以上四种方法都各有其优点和缺点,在实际气态污染物净化中往往是几种净化方法联合使用。

图 4-26 所示的为某喷漆废气处理工艺流程示意图,主要工序有喷漆废气→水帘柜→废气收集管→喷淋塔→活性炭吸附剂→离心风机→达标排放等过程。

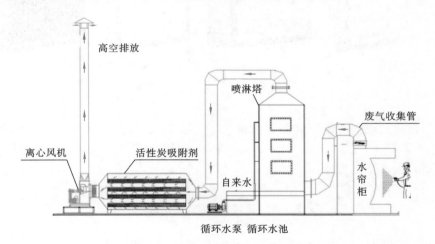

图 4-26　某喷漆废气处理工艺流程示意图

油漆喷涂过程中产生三苯等有机气态污染物,颗粒直径在 10 μm 以下,未经预处理将很快堵塞活性炭微孔,使活性炭失效。水帘柜起到喷漆废气初步冷凝净化作用,喷淋塔进一步冷凝净化处理,并用离心风机加压引其进入活性炭吸附床,气态污染物大部分被活性炭吸附,达标净化气体通过高空排放。

我们可以看出,该喷漆废气处理工艺流程综合采用了吸附法、吸收法和冷凝法三种气态污染物净化方法。

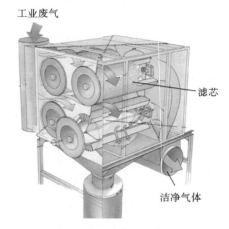

工业废气

滤芯

洁净气体

图 4-27　过滤法示意图

3. 烟尘除尘主要方法

1）过滤法

过滤法是强迫含烟尘气溶胶污染物和大颗粒粉尘污染物通过各种多孔滤芯或滤网将污染物截留下来的除尘方法，如图 4-27 所示。

滤芯或滤网可分为初效、中效和高效过滤三个级别，如图 4-28 所示。

初效过滤网主要用于过滤直径为 5 μm 以上粒子，故对工业废气中 PM10 及以上的粉尘、烟尘、花粉等固体颗粒物可有效过滤，同时能够有效保护后续滤网免受大颗粒灰尘污染，提高滤网的使用寿命。

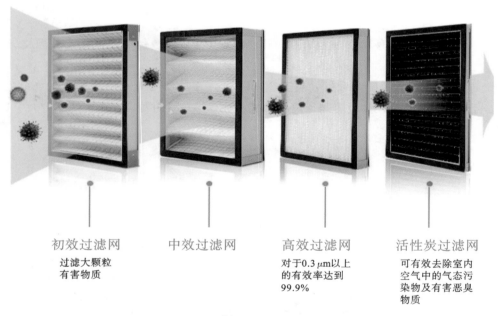

初效过滤网

过滤大颗粒
有害物质

中效过滤网

高效过滤网

对于0.3 μm以上
的有效率达到
99.9%

活性炭过滤网

可有效去除室内
空气中的气态污
染物及有害恶臭
物质

图 4-28　滤网级别和效果示意图

中效过滤网主要用于过滤直径为 1～5 μm 的粒子，过滤面积大，吸附能力强，去除效率高，性能可靠且无二次污染。

高效过滤网主要用于过滤直径为 0.5 μm 以下的粒子及各种悬浮物，故对工业废气中 PM2.5 及以下的化学烟雾、细菌、尘埃微粒及花粉可有效过滤，对 0.3 μm 以上的粒子过滤效果可达到 99.9%。

活性炭过滤网具有活性炭高效的吸附性能，可用于空气净化，去除挥发性有机化合物甲醛、甲苯、硫化氢、氯苯和空气中的污染物。空气阻力小，能耗低，可在一定风量下除臭、除异味，净化环境，具有很好的净化效果。

2）高压电离子法

带有粉尘颗粒的工业废气通过直流高压电场时气体被电晕放电电离,带负电的气体离子在向正极运动时使原本都是中性或带弱电荷的粉尘颗粒也带负电并向正极运动,到达正极后放出电子,粉尘颗粒沉积于正极集尘板,除尘后的洁净气体再经过滤网排出,如图 4-29 所示。

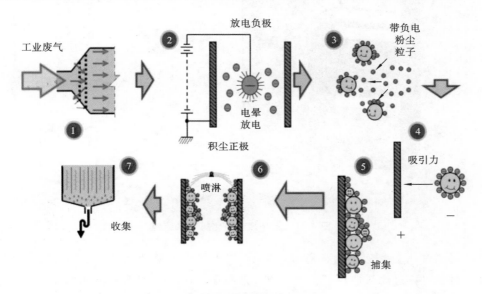

图 4-29　高压电离子法示意图

高压电离子法的优点是对大颗粒工业废气粒子净化效果显著,噪声小。缺点是能耗较大,直流高压电场存在安全问题,臭氧容易过量、集尘板需经常清洗、投资价格成本也比较高。

3）人工负离子法

人工负离子法是利用负离子发生器产生负离子并扩散到室内空间的除尘方法,适用于设备和人员活动空间的内环境,如图 4-30 所示。

释放到室内的负离子有以下作用:第一,直接杀死细菌、病毒、孢子等带正电生物颗粒,起到杀菌的作用;第二,吸附

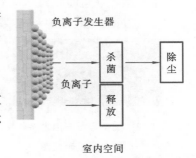

图 4-30　人工负离子法示意图

空气中的尘埃和污染颗粒,相互聚集成较大颗粒后沉降到地面,起到除尘的作用。负离子除尘时必须达到一定浓度,必须配有集尘装置,同时要尽量避免臭氧带来的危害。

（三）激光烟尘净化机基础知识

1. 激光烟尘净化机结构

1）大型激光烟尘净化机

大型激光烟尘净化机采用多种除尘净化方式来处理激光加工时产生的烟尘和气味,基本结构和处理方式如图 4-31(a)所示。

激光加工时产生的烟尘从进风口抽入,初效过滤可以过滤大颗粒灰尘、动物毛发等杂物,

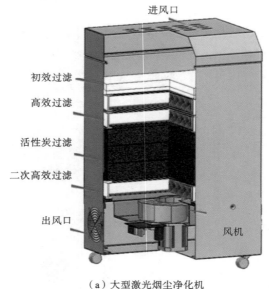

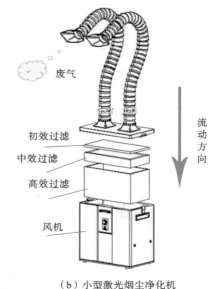

（a）大型激光烟尘净化机　　　　　　（b）小型激光烟尘净化机

图 4-31　激光烟尘净化机基本结构

高效过滤可以过滤 94% 以上的直径为 0.3 μm 以上粉尘颗粒物,活性炭过滤可以吸附异味,二次高效过滤可以过滤活性炭可能产生的有害物质,出风口排放经过除尘和净化后的空气。

2）小型激光烟尘净化机

小型激光烟尘净化机结构上更加简单,可折弯软管直接对准加工时产生的烟尘处,烟尘通过初效过滤、中效过滤和高效过滤三层过滤即可过滤掉大部分烟尘,如图 4-31（b）所示。

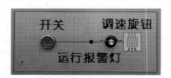

**图 4-32　某型号激光烟尘净化机
控制面板示意图**

2. 激光烟尘净化机运行过程

1）控制面板组成

激光烟尘净化机的控制面板大同小异,一般有开关、运行报警灯、调速旋钮等器件,如图 4-32 所示。

2）基本运行过程

按下开关,运行报警灯灯亮且变为绿色时,表示烟尘净化机工作状态正常,设备启动运行;当运行报警灯变为黄色时,提示要更换烟尘净化机滤芯;当运行报警灯变为红色并伴有报警声时,应立即更换烟尘净化机滤芯。

调速旋钮顺时针转动,风量增大,真空度随之增大;反之亦然。调速旋钮以烟雾能够被吸走为最佳,采用较小真空度有利于延长滤芯使用寿命。

二、洁净厂房基础知识

（一）洁净厂房基本概念

1. 洁净厂房设计规范简介

激光加工设备特别是高档激光器的制造有时要使用到洁净厂房,《洁净厂房设计规范》

(GB 50073—2013)适用于新建、扩建和改建洁净厂房的设计,包括总则、术语、空气洁净度等级、总体设计、建筑、空气净化、给水排水、工业管道和电气共 9 章以及 3 个附录,如图 4-33 所示。

UDC

中华人民共和国国家标准

P   GB 50073－2013

洁净厂房设计规范

Code for design of clean room

图 4-33 《洁净厂房设计规范》(GB 50073—2013)示意图

2. 洁净厂房主要术语

(1)悬浮粒子:当量直径为 0.1～5 μm 时,悬浮于空气中的固体和液体粒子。

(2)超微粒子:当量直径小于 0.1 μm 的粒子。

(3)微粒子:当量直径大于 5 μm 的粒子。

(4)含尘浓度:单位体积空气中悬浮粒子的质量,单位为 g/m^3 或 mg/m^3。

(5)洁净度:以单位体积空气中不小于某粒径粒子的数量。

(二)空气洁净度等级

1. 空气洁净度定义

洁净空间单位体积空气中,以不小于被考虑粒径粒子最大浓度限值进行划分的等级标准。

2. 洁净厂房温度/湿度要求

洁净厂房的温度与相对湿度应与激光设备安装调试生产过程相适应,保证生产环境和操作人员的舒适感。有特殊要求时,按照产品的生产工艺要求确定;无特殊要求时,洁净厂房的温度范围可控制为 18～26 ℃,相对湿度控制在 30%～70%,如表 4-18 所示。

表 4-18 洁净厂房温度/湿度要求

房间性质	温度/℃		湿度/(%)	
	冬季	夏季	冬季	夏季
生产工艺有温度/湿度要求的洁净室	按生产工艺要求确定	按生产工艺要求确定	按生产工艺要求确定	按生产工艺要求确定
生产工艺无温度/湿度要求的洁净室	22～22	24～26	30～50	50～70
人员净化及生活用室	16～20	26～30	—	—

3. 洁净厂房空气洁净度等级

《洁净厂房设计规范》(GB 50073—2013)中,洁净厂房可以分为 9 个等级标准,如表 4-19 所示。在日常交流中,我们通常使用十万级(5 级)、万级(4 级)和千级(3 级)洁净间等概念。在满足生产要求的前提下,洁净厂房应该首先采用较低的洁净等级,采用局部净化方式,应该慎重采用高于万级(4 级)全面净化的方式。

表 4-19　洁净厂房等级标准

空气洁净度等级/N	不小于要求粒径的最大浓度限值/(pc/m³)					
	$0.1\ \mu m$	$0.2\ \mu m$	$0.3\ \mu m$	$0.5\ \mu m$	$1\ \mu m$	$5\ \mu m$
1	10	2	—	—	—	—
2	100	24	10	4	—	—
3	1000	237	102	35	8	—
4	10000	2370	1020	352	83	—
5	100000	23700	10200	3520	832	29
6	1000000	237000	102000	35200	8320	293
7	—	—	—	352000	83200	2930
8	—	—	—	3520000	832000	29300
9	—	—	—	35200000	8320000	293000

(三) 洁净厂房除尘净化方式

1. 被动吸附过滤式除尘净化方式

图 4-34 所示的为洁净厂房被动吸附过滤式除尘净化方式示意图。室外含有各类污染物的空气通过风机抽入,初效过滤可以过滤大颗灰尘、动物毛发等杂物,高效过滤可以过滤 94% 的直径为 $0.3\ \mu m$ 以上粉尘颗粒物,活性炭吸附异味,纳米光触媒起到杀菌的作用。我们可以看出,洁净厂房同时采用了除尘和净化两种方法。被动吸附过滤式除尘净化方式存在净化死角,净化器周围净化效果好,环境整体净化效果差一些。

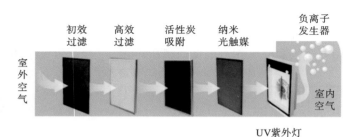

图 4-34　被动吸附过滤式除尘净化方式示意图

2. 主动式除尘净化方式

主动式除尘净化方式主动向空气中释放负氧离子和臭氧等空气净化因子,通过空气弥漫性的特点到达室内的各个角落,进而对空气进行无死角净化。

三、激光加工常用气体基础知识

（一）激光加工中常用辅助气体

1. 辅助气体的主要作用

1）工艺辅助气体

工艺辅助气体主要有起助燃作用的压缩空气、高纯氧气，有起工件保护作用的高纯氮气、高纯氩气等，如图 4-35 所示。

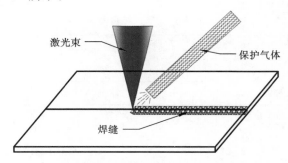

图 4-35　激光焊接工艺辅助气体示意图

2）设备辅助气体

设备辅助气体主要是驱动气缸夹紧工件和光路正压除尘的压缩空气。

2. 辅助气体纯度与作用

1）气体纯度与加工质量

辅助气体纯度对激光加工质量有很大影响，表 4-20 所示的为在一定条件下氮气纯度和激光切割质量的关系。

表 4-20　氮气纯度和激光切割质量的关系

气体级别	气体纯度/(%)	氧含量/(1×10^{-6})	水含量/(1×10^{-6})	切割断面质量
2.8	≥99.8	≤500	≤20	无氧气，表面微黄
3.5	≥99.95	≤100	≤10	无氧化，没有光泽
4.5	≥99.995	≤10	≤5	无氧化，断面光亮
5.0	≥99.9999	≤3	≤5	安全无氧化，断面有光泽

我们可以看到，氮气中所含氧气成分和水分不但影响激光切割质量，而且会对激光器造成危害，气体纯度级别越高，产品加工质量越好。

2）气体纯度与等级

气体纯度的定义是主体成分的量占样品总量的比例。例如，氮气的纯度是指除 N_2 外，含有的 O_2、H_2、Ar、CO_2、H_2O、金属、尘粒等杂质的量。

气体纯度可以由以下两种方式测量，第一种是直接测量主体成分含量和样品量的关系，第二种是测量各项杂质含量和样品量的关系，即

$$纯度 = \frac{主成分量}{样品量} = 1 - \sum \frac{杂质量}{样品量}$$

气体纯度有两种表示方法:第一种是用百分数表示,如 99%、99.5%、99.9%、99.99%、99.999%、99.9999%、99.99999% 等;第二种是用英文 9 的字头 N 表示,如 3N、5N、4.8N、5.5N、6N、7N 等,N 的数目与 9 的个数相对应,小数点后的数表示后一位不足 9 的数字,如 4N(99.99%)、6N(99.9999%)、7N(99.99999%)、4.8N(99.998%)、5.5N(99.9995%)等。

为了方便实际应用,气体纯度通常分为普通气体(工业气)、纯气体、高纯气体和超高纯气体四个纯度等级,如表 4-21 所示。

表 4-21 气体纯度等级

气体等级	纯度要求	气体等级	纯度要求
普通气体	99.9%	高纯气体	99.999%～99.9999%
纯气体	99.99%～99.999%	超高纯气体	＞99.9999%

激光加工中的辅助气体一般为普通气体(工业气),不超过纯气级。气体激光器中的气体可能达到高纯气体和超高纯气体级别。

3. 辅助气体的性质与应用

1) 氩气的性质与应用

氩气是无色无臭的惰性气体,用浅蓝色气瓶存放。对人体无直接危害,但氩气浓度高于33%时人体有窒息危险,超过 50%时人体出现严重症状,75%以上能在数分钟内致人死亡。液态氩触及皮肤可引起冻伤,液态氩溅入眼内可引起炎症。

氩气主要起到加工过程中的保护作用。例如,铝、镁、铜及其合金和不锈钢的焊接与切割过程,在金属的冶炼、光电器件生产和民用工业中也有广泛应用。

2) 氮气的性质与应用

氮气是无色无味的气体,在低温下会液化成无色液体,进一步降低温度时,更会形成白色晶状固体,用黑色钢瓶存放。

氮气主要起到加工过程中的保护作用,但保护效果没有氩气强。氮气主要用于激光焊接、切割和打标中的保护气体,适合加工铝、黄铜等低熔点材料,也可用于不锈钢的无氧化切割,还能用于加工木材、有机玻璃等特殊材料。

3) 氧气的性质与应用

氧气是无色无味的气体,液态氧为天蓝色,固态氧为蓝色晶体,采用蓝色钢瓶存放。在加工过程中氧气主要起到助燃作用,还可以与乙炔、丙烷等可燃气体配合使用,主要应用于碳钢或不锈钢切割。

4) 压缩空气的性质与应用

经压缩机做功使空气体积缩小、压力提高的空气称为压缩空气。压缩空气在激光加工中具有以下作用。第一,驱动夹紧气缸夹紧工件不动,使加工稳定进行。第二,使激光设备光路系统始终保持正压,避免镜片污染,延长镜片使用寿命。第三,去除烟尘、清理加工工件表面。第四,在激光加工中代替氧气起助燃作用。

（二）场地（设备）供气装置知识

1. 场地（设备）供气方式

1）集中供气方式

集中供气系统将氧气、氩气、氮气等辅助气体集中送到各个激光设备,它由气源、切换装置、调压装置、用气装置等几大部分组成,具有保持气体纯度、不间断供应、压力稳定、经济性高、操作简单安全的优点,如图 4-36 所示。

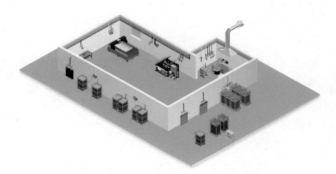

图 4-36 集中供气系统示意图

2）独立供气方式

独立供气系统由气源（钢瓶）直接向设备供气,不同气源的钢瓶有不同的颜色,如图 4-37 所示。

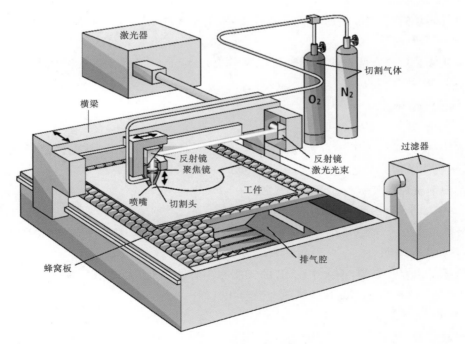

图 4-37 独立供气系统示意图

2. 瓶装压缩气体分类

1）压缩气体

在－50 ℃时加压后完全呈气态的气体，包括临界温度不大于－50 ℃的气体，也称为永久气体。常用的压缩气体有空气、氧气、氮气、一氧化碳及惰性气体等，用标准压力为 15 MPa、20 MPa、30 MPa 的高压气体气瓶存放，气瓶容积一般为 40 L。

2）高（低）压液化气体

在温度高于－50 ℃时加压后部分气体呈液态的气体，包括临界温度为－50 ℃～65 ℃的高压液化气体和临界温度高于 65 ℃的低压液化气体。

低压液化气体充装时为液体，在常规工作温度下贮运和使用时均为液态，储存这些气体的气瓶为低压液化气体气瓶。

高压液化气体充装时为液体，在常规工作温度下贮运和使用时有时为液态，有时为气态，储存这些气体的气瓶为高压液化气体气瓶。

3）低温液化气体

经过深冷低温处理而部分呈液态的气体，临界温度不大于－50 ℃，也可以称为深冷液化气体或者冷冻液化气体。

4）溶解气体

溶解气体是指在一定的压力、温度条件下，溶解于溶剂中的气体。例如，乙炔气就是把乙炔溶解在丙酮溶剂中，并在气瓶内部充满如硅酸钙类的多孔物质作为吸收剂。溶解气体气瓶的最高工作压强一般不超过 3.0 MPa，其安全问题具有特殊性。

5）吸附气体

吸附气体是指在一定的压力、温度条件下，吸附于吸附剂中的气体。

6）混合气体

混合气体是指含有两种或者两种以上有效物理组分，或者虽属非有效组分但是其含量超过规定限量的气体。

3. 气瓶分类

1）瓶体结构

按瓶体结构分类，气瓶分为无缝气瓶、焊接气瓶、纤维缠绕气瓶、低温绝热气瓶、内装填料气瓶，按瓶体结构分类是气瓶分类中最常见的一种方式，如表 4-22 所示。工业激光安装场地常用到钢质焊接气瓶和低温绝热气瓶。

2）工作压力

按公称工作压力分类，不小 10 MPa 的气瓶为高压气瓶，小于 10 MPa 的气瓶为低压气瓶。

3）公称工作容积

按公称工作容积分类，不大于 12 L 的气瓶为小容积气瓶，大于 12 L 并不大于 150 L 的气瓶为中容积气瓶，大于 150 L 的气瓶为大容积气瓶。

4）用途

按用途分类，气瓶分为工业用气瓶、医用气瓶、燃气气瓶、车用气瓶、呼吸器用气瓶和消防灭火用气瓶。

表 4-22　按瓶体结构进行的气瓶分类

气瓶结构及代号		气瓶品种及代号	
结构	代号	品种	代号
无缝气瓶 （中小容积无缝气瓶、大容积无缝气瓶）	B1	钢质无缝气瓶,汽车用压缩天然气钢瓶	B1-1
		铝合金无缝气瓶	B1-2
		不钢无缝气瓶	B1-3
		长管拖车、管束式集装箱用大容积钢质无缝气瓶	B1-4
焊接气瓶 （中小容积钢质焊接气瓶、大容积钢质焊接气瓶、工业用非重复充装焊接钢瓶、液化石油气钢瓶）	B2	钢质焊接气瓶、不锈钢焊接气瓶	B2-1
		工业用非重复充装焊接钢瓶	B2-2
		液化石油气钢瓶、液化二甲醚钢瓶、车用液化石油气钢瓶、车用液化二甲醚钢瓶	B2-3
纤维缠绕气瓶 （金属内胆缠绕气瓶、非金属内胆缠绕气瓶）	B3	小容积金属内胆纤维缠绕气瓶	B3-1
		金属内胆纤维环缠绕气瓶（含车用）	B3-2
		金属内胆纤维全缠绕气瓶（含车用）	B3-3
		长管拖车、管束式集装箱用大容积金属内胆纤维缠绕气瓶	B3-4
		塑料内胆纤维全缠绕气瓶（含车用）	B3-5
低温绝热气瓶	B4	焊接绝热气瓶	B4-1
		车用液化天然气气瓶	B4-2
内装填料气瓶	B5	溶解乙炔气瓶	B5-1
		吸附气体气瓶	B5-2

4．焊接绝热气瓶知识

1）整体结构

双层容器比单层容器更能绝热保温,低温焊接绝热气瓶（俗称杜瓦瓶,dewar）就是钢质金属双层绝热保温容器,如图 4-38 所示。

焊接绝热气瓶上部是保护圈和管路阀门系统,中部是不锈钢外壳、绝热层、不锈钢内胆、真空夹层和盛放的液体介质,底部是增压盘管/蒸发管和保护底圈。

2）部件功能

在管路阀门系统中,压力表指示杜瓦瓶内胆的压力,液位计直观指示内胆液面高低,便于操作者观察和检修。当内胆的压力大于最大工作压力时,安全阀通过内胆爆破片起到自动卸压的效果。增压阀通过增压/节气双调节器使得内胆的液体气化为气体在内筒壁上部建立内压,驱动低温液体流动。液体灌充和排放阀用来充灌低温液体,另外,杜瓦瓶在储存或其他情况下发生瓶内压力超过最高工作压力时,可用此阀人工排放瓶内的气体,以降低瓶

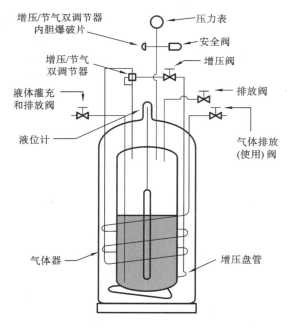

图 4-38　焊接绝热气瓶(杜瓦瓶)整体结构

内的压力。为了双重保险,另设有单独排放阀。

气体排放(使用)阀是用户用气进口端管道通路,可以控制气体的流速。气化器上的增压盘管通过与外桶内壁的热交换实现液态气体转化为气态气体。

外筒体除保护内桶体外,还与内桶体形成真空夹层以阻止瓶外热量侵入,不锈钢内筒体储备低温液体,其容量大小是非常重要的指标。

气体排放(使用)阀开启杜瓦瓶液体气化回路与用户用气进口端管道通路,也可以控制气体的流速。

3) 用途和优点

焊接绝热气瓶(杜瓦瓶)具备以下优点。第一,与压缩气体钢瓶相比,杜瓦瓶能够在相对低的压力下容纳大量的气体,通过杜瓦瓶应用计算可以证明,1 个相同容积的液态氧杜瓦瓶大约可以相当于 30 个气态氧高压钢瓶的气体容量。同时,可连续输出流量高达 10 m³/h 的常温气体,气体输出压强可达 1.2～2.2 MPa。第二,瓶身坚固可靠,安全性高,操作方便。

由于上述优点,焊接绝热气瓶成为运输和贮存低温液态气体、集中供气系统气源和独立供气系统气源的主要容器,用气流量较大时还可以将多个杜瓦瓶并联或加装外置气化器,如图 4-39 所示。

5. 气化器知识

1) 液体气化方式

液体气化有自然气化和强制气化两种方式,自然气化时液态气体依靠自身显热和吸收外界环境热量产生气化液体,但液态气体经常会发生气化不足的现象。强制气化依靠电加热、热水浴、空温循环等方式气化液体,相对能耗比较高。

2)气化器外形结构

气化器外观上是把各种材质为铝的翅片管焊接连通好,保证液体和气体都不会泄漏即可。翅片管中心为圆管,管外为径向翅片,液体在管内流动,依靠翅片管吸收外界环境热量传递到管内液体以实现液体吸热气化,如图 4-40 所示。

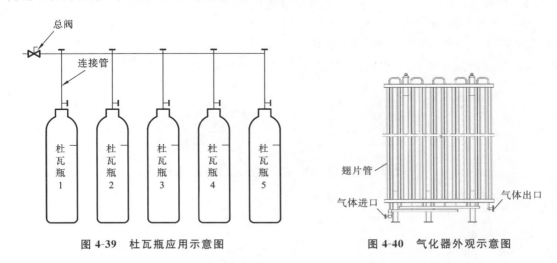

图 4-39 杜瓦瓶应用示意图   图 4-40 气化器外观示意图

翅片管内置吸液芯和螺旋导流带,产生类似于阿基米德螺线的运动,延长了液体与翅片管内的接触时间,提高了翅片管的整体换热性能。

6. 空压机系统组成知识

1)压缩空气产生流程

空气经过空压机→储气罐→过滤器→干燥机→管道到达客户端,如图 4-41 所示。

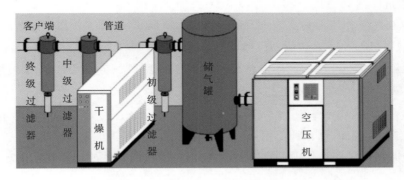

图 4-41 空压机系统组成知识示意图

2)主要器件功能

空压机将空气压缩后排入储气罐,在储气罐中大部分水、油、尘杂质沉降并分离排出,干燥机起到干燥过滤空气的作用,不同级别的过滤器进一步过滤水、油、尘杂质,输气管道将满足设备流量、压力、纯净度要求的压缩空气输送至客户端使用。

四、气瓶搬运装卸储存使用基础知识

(一)基本概念

1.《气瓶搬运、装卸、储存和使用安全规定》简介

《气瓶搬运、装卸、储存和使用安全规定》(GB/T 34525—2017)规定了生产、经营、储存及以上场所使用区域内瓶装气体气瓶的搬运、装卸、储存和使用的基本安全技术要求,如图 4-42 所示。该标准包括范围、规范性引用文件、术语和定义、作业人员、劳动防护、搬运、装卸设备、气瓶的搬运和装卸、气瓶储存和气瓶安全使用共九章,我们简单介绍其主要内容。

ICS 71.100.20
G 86

中华人民共和国国家标准

GB/T 34525—2017

气瓶搬运、装卸、储存和使用安全规定

图 4-42　《气瓶搬运、装卸、储存和使用安全规定》(GB/T 34525—2017)示意图

2. 标准适用范围

本标准所指的气瓶适用于在正常环境温度 $-40\ ℃\sim60\ ℃$ 下使用的、公称工作容积为 $0.4\sim3000\ L$,公称工作压力为 $0.2\sim35\ MPa$(表压,下同)且公称工作压力与公称工作容积的乘积不小于 $1.0\ MPa\cdot L$,盛装压缩气体、高(低)压液化气体、低温液化气体、溶解气体、吸附气体、标准沸点不大于 $60\ ℃$ 的液体以及混合气体的无缝气瓶、焊接气瓶、焊接绝热气瓶、缠绕气瓶、内装有填料的气瓶。

3. 作业人员要求

(1)气瓶搬运、装卸、储存和使用作业人员应按有关规定持证上岗。

(2)作业人员应了解所作业的气瓶及瓶内介质的特性、相关要求和发生事故时的应急处置技术,如图 4-43 所示。

(3)作业人员在作业中应经常检查气瓶安全情况,发现问题,及时采取措施。

4. 劳动防护要求

(1)作业单位应配备必要的劳动防护用品和现场急救用具。

(2)作业人员作业时,应穿戴相应的防护用具,并采取相应的保护措施。

(3)作业单位应负责定期对作业人员进行事故预防和急救知识培训。

图 4-43 气瓶作业人员风险提示示意图

（4）气瓶一旦对人体造成碰伤、砸伤、灼伤、中毒等危害，应立即进行现场急救，并迅速送医院治疗。

5．搬运、装卸设备要求

（1）各种搬运、装卸机械、工具，应有可靠的安全系数。

（2）搬运、装卸易燃易爆气瓶的机械、工具，应具有防爆、消除静电或避免产生火花的措施。

（二）气瓶搬运和装卸具体要求

1．气瓶的搬运

（1）近距离搬运气瓶，凹形底气瓶及带圆形底座气瓶可采用徒手倾斜滚动的方式搬运，方形底座气瓶应使用专用小车搬运。距离较远或路面不平时，应使用特制机械、工具搬运，并用铁链等妥善加以固定。不应用肩扛、背驮、怀抱、臂挟、托举或二人抬运的方式搬运。

（2）不同性质的气瓶同时搬运时应按危险货物配装表的要求执行。

（3）气瓶搬运中如需吊装时，不应使用电磁起重设备。用机械起重设备吊运散装气瓶时，应将气瓶装入集装格或集装篮中，并妥善加以固定。不应使用链绳、钢丝绳捆绑或钩吊瓶帽等方式吊运气瓶。

（4）在搬运途中发现气瓶漏气、燃烧等险情时，搬运人员应针对险情原因，进行紧急有效的处理。

（5）气瓶搬运到目的地后，放置气瓶的地面应平整，放置时气瓶应稳妥可靠，防止倾倒或滚动。

2．气瓶的装卸

（1）装卸气瓶应轻装轻卸，避免气瓶相互碰撞或与其他坚硬的物体碰撞，不应用抛、滚、滑、摔、碰等方式装卸气瓶。

（2）用人工将气瓶向高处举放或需把气瓶从高处放落地面时，应两人同时操作，并要求提升与降落的动作协调一致,轻举轻放,不应在举放时抛、扔或在放落时滑、摔。

(3) 装卸、搬运缠绕气瓶时,应有保护措施,防止气瓶复合层磨损、划伤,还应避免气瓶受潮。

(4) 装卸气瓶时应配备好瓶帽,注意保护气瓶阀门,防止撞坏。

(5) 卸车时,要在气瓶落地点铺上铅垫或橡皮垫;应逐个卸车,不应多个气瓶连续溜放。

图 4-44　气瓶的搬运和装卸作业示意图

(6) 装卸作业时,不应将阀门对准人身,气瓶应直立转动,不准脱手滚瓶或传接,气瓶直立放置时应稳妥牢靠。

(7) 装卸有毒气体时,应预先采取相应的防毒措施。

(8) 装卸氧气及氧化性气瓶时,工作服、手套和装卸工具、机具上不应沾有油脂。

气瓶的搬运和装卸作业示意图如图 4-44 所示。

(三) 气瓶储存具体要求

1. 气瓶入库前的检查与处理

(1) 气瓶应由具有《特种设备制造许可证》的单位生产。

(2) 进口气瓶应经特种设备安全监督管理部门认可。

(3) 入库气体应与气瓶制造钢印标志中充装气体名称或化学分子式一致。

(4) 根据《气瓶警示标签》(GB/T 16804—2011)规定制作的警示标签上印有的瓶装气体的名称及化学分子式应与气瓶钢印标志一致。

(5) 应认真仔细检查瓶阀出气口的螺纹与所装气体规定的螺纹形式应相符,防错装接头各零件应灵活好用。

(6) 气瓶外表面的颜色标志应符合《气瓶颜色标志》(GB/T 7144—2016)的规定,且清晰易认。

(7) 气瓶外表面无裂纹、严重腐蚀、明显变形及其他严重外部损伤缺陷。

(8) 气瓶应在规定的检验有效使用期内。

(9) 气瓶的安全附件应齐全,应在规定的检验有效期内并符合安全要求。

(10) 氧气或其他强氧化性气体的气瓶,其瓶体、瓶阀不应沾染油脂或其他可燃物。

气瓶的检查作业示意图如图 4-45 所示。

2. 气瓶入库储存

(1) 气瓶的储存应有专人负责管理。

(2) 入库的空瓶、实瓶和不合格瓶应分别存放,并有明显区域和标志。

(3) 储存不同性质的气瓶,其配装应按规定的要求执行。

(4) 气瓶入库后,应将气瓶加以固定,防止气瓶倾倒。

图 4-45　气瓶的检查作业示意图

（5）对于限期储存的气体按《特种气体储存规范》(GB/T 26571—2011)要求存放并标明存放期限。

（6）气瓶在存放期间,应定时测试库内的温度和湿度,并做记录。库房最高允许温度和湿度视瓶装气体性质而定,必要时可设温控报警装置。

（7）气瓶在库房内应摆放整齐,数量、号位的标志要明显。要留有可供气瓶短距离搬运的通道。

（8）有毒、可燃气体的库房和氧气及惰性气体的库房,应设置相应气体的危险性浓度检测报警装置。

（9）发现气瓶漏气,首先应根据气体性质做好相应的人体保护,在保证安全的前提下,关紧瓶阀,如果瓶阀失控或漏气不在瓶阀上,应采取应急处理措施。

（10）应定期对库房内外的用电设备、安全防护设施进行检查。

（11）应建立并执行气瓶出入库制度,并做到瓶库账目清楚,数量准确,按时盘点,账物相符,做到先入先出。

（12）气瓶出入库时,库房管理员应认真填写气瓶出入库登记表,内容包括气体名称、气瓶编号、出入库日期、使用单位、作业人等。

（四）气瓶安全使用具体要求

1. 气瓶的使用单位和操作人员使用气瓶

（1）合理使用,正确操作,按要求进行检查,符合要求后再进行使用。

（2）使用单位应做到专瓶专用,不应擅自更改气体的钢印和颜色标记。

（3）气瓶使用时,应立放,并应有防止倾倒的措施。

（4）近距离移动气瓶,可采用徒手倾斜滚动的方式移动,远距离移动时,可用轻便小车运送。不应抛、滚、滑、翻。气瓶在工地使用时,应将其放在专用车辆上或将其固定使用。

（5）使用氧气或其他强氧化性气体的气瓶,其瓶体、瓶阀不应沾有油脂或其他可燃物。使用人员的工作服、手套和装卸工具、机具上不应沾有油脂。

（6）在安装减压阀或汇流排时,应检查卡箍或连接螺帽的螺纹,确保其完好。用于连接气瓶的减压器、接头、导管和压力表,应涂以标记,用在专一类气瓶上。

（7）开启或关闭瓶阀时,应用手或专用扳手,不应使用锤子、管钳、长柄螺纹扳手。

（8）开启或关闭瓶阀的转动速度应缓慢。

（9）发现瓶阀漏气或打开无气体或存在其他缺陷时,应将瓶阀关闭,并做好标识,返回气瓶充装单位处理。

（10）瓶内气体不应用尽,应留有余压。

（11）在可能造成回流的使用场合,使用设备上应配置防止倒灌的装置。

（12）不应将气瓶内的气体向其他气瓶倒装,不应自行处理瓶内的余气。

（13）气瓶使用场地应设有空瓶区、满瓶区,并有明显标识。

（14）不应敲击、碰撞气瓶。

（15）不应在气瓶上进行电焊引弧。

（16）不应用气瓶做支架或其他不适宜的用途。

2. 气瓶操作者应保证气瓶在正常环境温度下使用,防止气瓶意外受热

（1）不应将气瓶靠近热源。安放气瓶的地点周围 10 m 范围内,不应有明火或可能产生火花的作业（高空作业时,此距离为在地面的垂直投影距离）。

（2）气瓶在夏季使用时,应防止气瓶在烈日下暴晒。

（3）瓶阀冻结时,应把气瓶移到较温暖的地方,用温水或温度不超过 40 ℃ 的热源解冻。

3. 杜瓦瓶使用特别要求

（1）杜瓦瓶盛装的气体（液氮、液氧、液氩或液态二氧化碳）最低温度可零下 196 ℃,因此使用中要避免皮肤直接与液态气体接触,防止冻伤。

（2）杜瓦瓶的气体在瓶内压力过高时,会向外泄压排放气体。所以要保持存放处通风,避免因气体浓度过高引发窒息。

（3）杜瓦瓶在使用和运输过程中应竖直放置,避免倾斜。防止液体从安全阀排出,引起冻伤和损坏杜瓦瓶。

（4）使用过程中,开启和关闭阀门时力度不能过大。因气体使用量大而在阀门和管道结冰时,要用水淋过后拆卸,切不可暴力拆卸。

【任务实施】

（1）制订项目 4 任务三工作计划,填写项目 4 任务三工作计划表（见表 4-23）。

表 4-23　项目 4 任务三工作计划表

1. 任务名称			
2. 搜集整理项目 4 任务三课外书、网站、公众号	（1）	课外书	
	（2）	网　站	
	（3）	公众号	

续表

	(1)	知识点	
		概　述	
	(2)	知识点	
		概　述	
3. 搜集总结项目 4 任务三主要知识点信息	(3)	知识点	
		概　述	
	(4)	知识点	
		概　述	
	(5)	知识点	
		概　述	
4. 搜集总结项目 4 任务三主要技能点信息	(1)	技能点	
		概　述	
	(2)	技能点	
		概　述	
	(3)	技能点	
		概　述	
5. 工作计划遇到的问题及解决方案			

（2）完成项目 4 任务三实施过程，填写项目 4 任务三工作记录表（见表 4-24）。

表 4-24　项目 4 任务三工作记录表

工作任务	工作流程		工作记录
1.	(1)		
	(2)		
	(3)		
	(4)		
2.	(1)		
	(2)		
	(3)		
	(4)		
3.	(1)		
	(2)		
	(3)		
	(4)		
4. 实施过程遇到问题及解决方案			

【任务考核】

（1）培训对象完成项目 4 任务三以下知识练习考核题。

① 搜集整理激光加工烟尘的成分组成，填写表 4-25。

表 4-25　激光加工烟尘的成分组成

烟尘大类名称	小类名称	典型特征
1.		
2.		
3.		

② 搜集整理激光加工烟尘主要处理方法，填写表 4-26。

表 4-26　激光加工烟尘处理方法

烟尘处理大类方法	具体方法	主要优缺点
1.		
2.		
3.		

③ 图 4-46 所示的为某台激光烟尘净化机过滤系统器件组成示意图，请对照实物结构写出图中数字代表的器件名称和主要功能，填写表 4-27，举例说明这台激光烟尘净化机用到的废气处理方法。

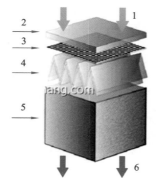

图 4-46　激光烟尘净化机过滤系统器件组成示意图

表 4-27　激光烟尘净化机过滤系统器件识别与功能

序号	名称	功能
1		
2		
3		
4		
5		
6		
废气处理方法总结		

④ 写出车间空气除尘净化的两类方式及其各自优缺点。

⑤ 根据《瓶装气体分类》(GB/T 16163—2012)简述瓶装气体分类及基本特性并填写表 4-28。

表 4-28　瓶装气体分类及基本特性信息整理

序号	分类名称	代表性气体	序号	分类名称	代表性气体
1			4		
2			5		
3			6		

⑥ 写出工业气体两类供气方式,写出安装场地(设备)集中供气系统主要装置名称和功能,填写表 4-29。

表 4-29　集中供气系统主要装置名称和功能信息整理

序号	装置名称	主要功能
1		
2		
3		
4		
5		
6		

a. 工业气体两类供气方式。

b. 集中供气系统装置信息。

⑦ 写出气体产品等级的名称和气体纯度的两种表示方法。

⑧ 根据《洁净厂房设计规范》(GB 50073—2013)国家标准完成以下作业。
a. 洁净厂房空气洁净度一共有几个等级？

b. 查找资料，举例说明激光加工和设备制造中常用的车间洁净度等级。

（2）培训对象完成项目 4 任务三以下技能训练考核题。

① 利用课内外教材、网站、公众号等资源，搜集本企业或外企业所使用气体的种类、纯度、供气方式等数据并初步做出安全合格性评价，填写表 4-30。

表 4-30 搜集企业使用气体信息案例训练

企业名称			
安全合格性评价			
搜集项目	气体 1	气体 2	气体 3
名称			
气体纯度			
供气方式			
主要装置			
生产厂家			
产品价格			
联系方式			

② 利用课内外教材、网站、公众号等资源，搜集本企业或外企业烟尘处理方式、所用设备等数据并初步做出安全合格性评价，填写表 4-31。

表 4-31 企业烟尘处理设备信息案例训练

企业名称		
安全合格性评价		
搜集项目	设备 1	设备 2
设备名称		
处理方式		
主要参数		
生产厂家		
产品价格		
联系方式		

（3）培训教师和培训对象共同完成项目 4 任务三考核评价，填写考核评价表（见表 4-32）。

表 4-32 项目 4 任务三考核评价表

评价项目	评价内容	权重	得分	综合得分
专业知识	知识练习考核题完成情况	40%		
专业技能	技能训练考核题完成情况	40%		
综合能力	培训过程总体表现情况	20%		

任务四　动力失配和电磁干扰的危险与防护

【学习目标】

> **知识目标**
> 1. 了解动力源中断/电压波动基础知识
> 2. 了解软件/硬件兼容基础知识
> 3. 了解电磁干扰危险基础知识
> **技能目标**
> 1. 识别动力源中断/电压波动危险防护装置
> 2. 识别抗电磁干扰典型器件与装置

【任务描述】

在本任务中,我们借用一般机械加工设备中动力失配的术语来表述激光设备可能产生的动力源中断/电压波动、软件/硬件的兼容性与完整性不足危险,用电磁干扰危险来表述激光设备可能产生的电磁干扰/无线电干扰危险。

动力失配会使得激光设备安装调试和激光加工过程中断,对设备和人员产生意外风险,电磁干扰会使得激光设备和激光加工的质量受到影响。

项目4任务四力求通过任务引领的方式让读者掌握动力失配危险和电磁干扰危险相关知识,掌握动力失配危险和电磁干扰危险防护涉及的必要知识和主要技能。

【学习储备】

一、动力失配危险基础知识

(一)动力源中断/电压波动知识

1. 动力源中断/电压波动基本知识

1) 动力源中断基本知识

一台功能完整的激光设备可能有多个动力源,如激光器和各类装置使用的各类动力电源、夹紧和移动工件的各类动力气源和动力液压源、真空源等。动力源中断就是设备动力源发生不可预知的故障而停止工作的过程。

2) 电压波动

《电能质量　供电电压偏差》(GB/T 12325—2008)规定了供电电压偏差、频率偏差和三相电压不平衡度等供电电源的基本要求。

35 kV 及以上供电电压正、负偏差的绝对值之和不超过标称系统电压的 10%，10 kV 及以下三相供电电压允许偏差为标称系统电压的 ±10%，220 V 单相供电电压允许偏差为标称系统电压的 +7%、−10%。标准 380 V 激光设备三相供电的允许供电电压偏差波动范围为 342~418 V，标准 220 V 激光设备三相供电的允许供电电压偏差波动范围为 198~235 V。

除了电压的变化范围过大以外，波形失真、浪涌电流和雷击都可能对激光设备的工作过程产生危害。

2. 动力源中断/电压波动危害

1）动力源中断危害

动力源中断可能引起在电力传输或流体的动力部件中形成的危险，如触电、静电、短路，液体或气体压力超过额定值而使运动部件加速、减速形成意外伤害。在发生动力源中断时，激光器和其他负载应该保证不会发生电气或机械危险。

2）电压波动危害

工作电压正向/上升波动的除了引起激光器功率损耗，步进电机等过热、绝缘老化、寿命缩短以外，还可能使设备保护和自动装置误动作、测量仪表计量不准确、产生机械振动、噪声等故障，甚至产生原因不明的故障，引起严重事故。

工作电压反向/下降波动是指电压有效值介于额定值的 80% 和 85% 之间的低压状态且持续时间较长，产生原因主要包括附近大型设备启动和应用、大型电动机启动或大型电力变压器接入、主电力线切换、线路过载等。主要危害是造成激光设备的激光器功率下降、步进电机启动困难、转速不均匀、温升增高甚至烧毁、工控机控制不正常甚至数据流失等。

3. 动力源中断/电压波动危害防护装置

1）动态电压恢复器

动态电压恢复器（DVR 装置）是带有储能装置（系统）的补偿装置，能有效防止电压暂降、电压骤升、供电短时中断等问题对加工设备的影响。

DVR 装置串联在供电电源和受保护的设备之间，当电网电压在限值内，电网为负载供电（在线模式）时，逆变器休眠，但保持与电网电压同步，以便在电网扰动时立即动作，如图 4-47 所示。

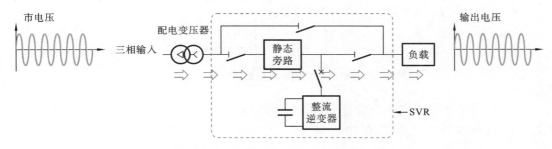

图 4-47 动态电压恢复器正常工作示意图

当发生电压暂降、电网出现扰动瞬间时,双反接晶闸管快速关断,从而负载与电网隔离,由逆变器向负载供电,如图 4-48 所示。

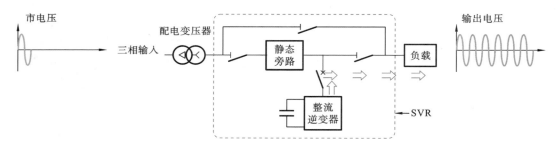

图 4-48 动态电压恢复器电压暂降工作示意图

当电网电压恢复稳定、DVR 装置双反接晶闸管导通时,逆变电路关闭,负载将再次由电网供电,整流电路重新对储能元件充电,如图 4-49 所示。

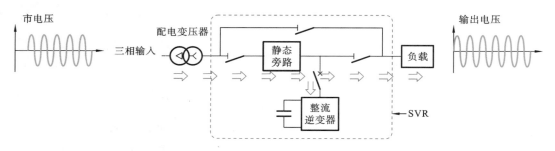

图 4-49 动态电压恢复器电压恢复工作示意图

DVR 装置在发生故障或者维护时,负载电流将自动转移到故障安全旁路,即电流通过并联于双反接晶闸管的接触器或者旁路开关,直接向负载供电,如图 4-50 所示。

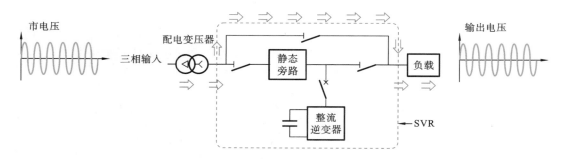

图 4-50 动态电压恢复器发生故障或者维护工作示意图

图 4-51 所示的为某种型号的动态电压恢复器参数示意图。HRD04-300-100C 表示某种 DVR 装置的额定电压 400 V,保护容量 300 kV·A,保护时间 1 s,储能方式为超级电容储能。

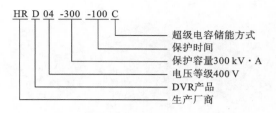

图 4-51 动态电压恢复器参数示意图

2）UPS 不间断电源

UPS 不间断电源主要应用于中小功率设备及工控机,当电力输入正常时,UPS 将电力稳压后供应给负载使用,此时的 UPS 就是一台交流电力稳压器,同时它还向机内电池充电;当市电中断时,UPS 立即将机内电池的电能,通过逆变器转换为交流电,以使负载维持正常工作,保护负载不受损坏,如图 4-52 所示。

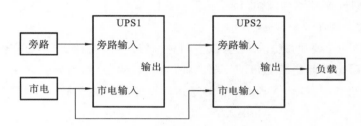

图 4-52 UPS 不间断电源工作原理示意图

我们还可以通过自动切换开关(ATS)、电容器补偿装置甚至是备用直流电源(DC-BACK)来预防动力源中断/电压波动危害。

（二）软件/硬件的兼容性与完整性不足知识

1. 软件/硬件的兼容性与完整性不足定义

1）软件/硬件兼容性概述

大多数激光设备是基于工控机平台控制的多数据传递系统,嵌入式软件控制设备也一样。无论设备使用哪类软件都必须考虑软件和硬件的兼容性,特别是在软件升级时需要考虑硬件平台的兼容性。良好的软件/硬件兼容性可以大大降低设备生产厂商技术支持和设备维护的成本。

软件/硬件兼容性测试是检查软件在一个特定的环境下硬件之间、软件之间和软件/硬件之间是否能够正常工作,主要包括检查硬件、软件和数据库三个内容,如图 4-53 所示。

2）软件兼容性策略概述

常用的兼容性策略有向上兼容、向下兼容和交叉兼容三种方式。

向上兼容是指该软件不仅可以在当前平台上运行,还可以在未来更高的平台上运行。向下兼容是指当前开发的软件版本可以在以前已发布的平台上运行,可以正确地处理以前版本的数据。交叉兼容某个厂商的软件可以处理其他厂商的同一类产品的数据。

图 4-53　兼容性测试示意图

3）硬件兼容方法概述

硬件平台是软件运行的基础，不管是工控机还是嵌入式产品都要有一个硬件平台来支持。工控机常见的硬件兼容器件包括主板、处理器、内存、显卡、显示器。嵌入式产品的软件与硬件是捆绑销售的，通常需要考虑的兼容性主要为元器件和显示屏的兼容性。

2. 工控机软件/硬件故障分析排除

1）工控机软件故障分析排除

工控机软件常见问题的处理方法有以下四种。第一种，关掉工控机电源重新开机，这对解决一些硬件不稳定的问题很有帮助。第二种，重启计算机，这对解决一些软件死机之类的问题很有帮助。第三种，备份还原，用于恢复到计算机备份之前的一个状态。第四种，重装系统，特别是使用一键恢复功能对初学者更适用。

2）工控机硬件故障分析排除

工控机硬件故障的常见问题有开机无反应、无显示、黑屏、死机等，上述故障的原因在工控机加电自检环节的可能性最大。

工控机开机无反应故障，故障发生处不是输入电源就是工控机主板，相对而言，CPU 损坏的可能性较低，主要看主机是否可以通电。

工控机开机无显示故障，主要是由显卡与主板之间连接出现问题造成的，应按顺序检查显示器、主板、显卡以及内存插槽和显卡接口是否存在接触不良或者物理损坏的情况。若发生积灰，应该首先使用软毛刷工具进行处理，再处理显卡与内存。如果能正常启动，则故障发生在显卡；如果仍然没有反应，应该通过排除法使用新板卡取代旧板卡，再依次调试。若依旧不能查出故障，应检查 CPU 与主板的情况。

工控机黑屏和蓝屏故障，首先应该考虑散热是否有问题。CPU 与显卡上积灰，风扇不正常容易造成温度变高而黑屏。此时可以处理显卡上的积灰，换下出现问题的风扇及使用新的显卡。蓝屏往往是因为工控机的各类软件存在冲突、病毒攻击与木马袭击，或者是硬件存在错误代码。

工控机频繁死机故障一般有四个原因。第一是计算机散热情况差造成不断死机。第二是 CPU 超频工作速度快，但硬盘和内存工作速度不快，造成三者性能不匹配而出现死机。第三是硬盘使用时间太长造成局部损坏，这时可以更新软件或直接更换老旧硬盘。第四，软件与硬件互不匹配，安装的软件与硬件兼容性不好，硬件不能辨认软件而造成死机。

二、电磁干扰危险基础知识

(一)电磁干扰/无线电干扰知识

1. 电磁干扰源种类

1)电磁干扰源基本概念

电磁干扰(electromagnetic interference)是一种电磁信号(通常是有害信号)干扰另一种电磁信号(通常是有用信号)造成有用信号的完好性降低的现象,英文简称为 EMI,它是一种不被希望存在的电磁信号。由于电磁干扰信号往往是射频(RFI)、电磁(EMI)及其他各类高频干扰信号,一部分处于无线电通信的频率波段,所以有时我们又称之为无线电干扰。

电磁干扰源的分类方法很多,按照干扰源分类,电磁干扰源可分为自然干扰源和人为干扰源,人为干扰源又可以分为功能性干扰源和非功能性干扰源两个大类。功能性干扰源是指设备实现功能过程中造成对其他设备的直接干扰。非功能性干扰源是指各类装置在实现自身功能的同时伴随产生或附加产生的副作用,如开关闭合或切断产生的电弧放电干扰,如图 4-54 所示。

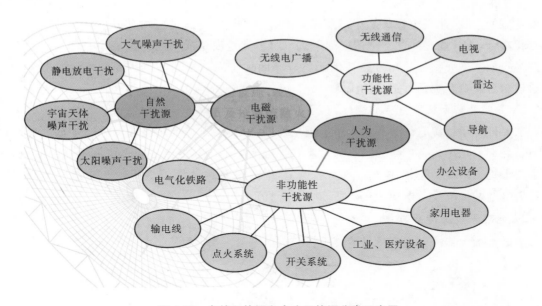

图 4-54　自然干扰源和人为干扰源分类示意图

按照干扰位置分类,电磁干扰源可以分为内部干扰源和外部干扰源两个类别,内部干扰源是指设备内部各部件之间的相互干扰,外部干扰源是指设备外部因素造成的干扰。

2)主要自然干扰源

主要自然干扰源有如下几类,第一类是大气噪声干扰,如雷电产生的火花放电属于脉冲宽带干扰,其频率覆盖从几赫兹至 100 MHz,传播距离相当远。第二类是太阳噪声干扰,专指太阳黑子的辐射噪声。太阳黑子爆发期可产生比平稳期高数千倍的强烈噪声,可致通信中断。第三类是宇宙天体噪声干扰。第四类是静电放电干扰,静电电压可高达几万伏到几十万伏,常以电晕或火花方式放电,会产生强大的瞬间电流和电磁脉冲导致器件及设备的损坏。静电放电属脉冲宽带干扰,频谱成分从直流一直连续到中频频段。

3) 主要人为干扰源

人为干扰源是指设备和其他人工装置产生的电磁干扰,通常是指无特定目标的干扰,电子对抗等有意施放的干扰不在此列。

主要人为干扰源有如下几类。第一类是无线电发射设备,包括移动通信系统、广播、电视、雷达、导航及无线电接力通信系统,如微波接力、卫星通信等。第二类是各类设备,如感应加热设备、高频电焊机、X 光机、高频理疗设备等。第三类是电力设备,包括伺服电机、电钻、继电器、电梯等设备通、断产生的电流剧变及伴随的电火花成为干扰源、间断电源(UPS)等。第四类是汽车、内燃机点火系统。第五类是电网干扰,是指由 50 Hz 交流电网强大的电磁场和大地漏电流产生的干扰,以及高压输电线的电晕和绝缘断裂等接触不良产生的微弧和受污染导体表面的电火花。

4) 主要内部干扰源

主要内部干扰源有如下几类。第一类是工作电源通过线路的分布电容和绝缘电阻产生漏电造成的干扰,此类干扰与工作频率有关。第二类是信号通过地线、电源和传输导线的阻抗互相耦合,或导线之间的互感造成的干扰。第三类是设备或系统内部某些元件发热,影响元件本身或其他元件的稳定性造成的干扰。第四类是大功率和高电压部件产生的磁场、电场通过耦合影响其他部件造成的干扰。

5) 主要外部干扰源

主要外部干扰源有如下几类。第一类是外部高电压、电源通过绝缘漏电产生的干扰;第二类是外部大功率设备产生强磁场通过互感耦合产生的干扰。第三类是空间电磁波对设备产生的干扰。第四类是工作环境温度不稳定,引起设备内部元器件参数改变造成的干扰。第五类是电网供电设备电源变压器所产生的干扰。

2. 电磁干扰源传播方式

电磁干扰源传播方式有传导电磁干扰和辐射电磁干扰两种方式,如图 4-55 所示。

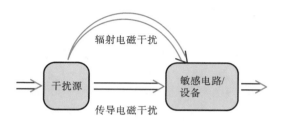

图 4-55　电磁干扰源传播方式示意图

1) 传导电磁干扰

通过电源线、电缆等载流导体以电流的形式通过介质直接传播的电磁干扰,载流导体包括绝缘支承物甚至包括空气等介质。

2）辐射电磁干扰

通过高频信号线、集成电路引脚、各类接插件等可能成为具有天线特性的辐射干扰源，以电磁波的形式通过空间传播的电磁干扰。

当辐射干扰源的频率较高、干扰信号的波长 λ 比被干扰对象的结构尺寸小，或者干扰源与被干扰对象之间的距离 $r \gg \lambda/2\pi$ 时，干扰信号可被认为是辐射场，它以平面电磁波的形式进入干扰对象的通路。

当辐射干扰源的频率较低、干扰信号的波长 λ 比被干扰对象的结构尺寸长，或者干扰源与干扰对象之间的距离 $r \ll \lambda/2\pi$ 时，干扰源可被认为是似稳场，它以感应场形式进入干扰对象的通路。

3. 电磁干扰危害

1）电磁干扰对设备的危害

电磁干扰对设备的危害主要体现在干扰设备的数据传输，对设备的功能造成多种多样的影响。例如，电磁干扰可能出现广播信号噪声过大、电视屏幕出现雪花、飞机起降出现偏差、心脏起搏器停止运行、仪表读数发生偏差甚至设备的主控制系统发生故障、设备误动作产生严重事故等危害。

在激光设备中，大功率激光电源、声光 Q 电源等是产生电磁干扰的主要部件，振镜和各类板卡是主要被干扰的器件。设备受到电磁干扰后，我们往往可以看到程序中设置的是直线，但是加工产品的结果却是波浪线，电磁干扰的特征明显。

2）电磁干扰对人体的危害

电磁干扰对人体的危害主要有热效应、非热效应和累积效应。电磁干扰的热效应是指人体体温异常升高导致细胞、组织和器官不能正常工作的现象。典型的危害有白内障、男性不育等现象，它们对人体的伤害与电磁干扰的强弱有很大关系。电磁干扰的非热效应是指人体周围存在的微弱电场被电磁干扰破坏而处于不平衡状态，典型的危害有人体免疫功能下降、听觉和嗅觉能力下降、反射刺激行动缓慢。电磁干扰的累积效应是指机体在原有的电磁损伤还未完全复原之前再次受到电磁损伤，长久积累引发机体的各种异常突变。

（二）电磁干扰危害防护

1. 电磁干扰三要素与抗干扰方法

1）电磁干扰三要素

电磁干扰发生作用需要电磁干扰源、干扰路径和敏感设备三个要素。

干扰源是产生干扰的电子电气设备或系统，说明干扰从哪里来。干扰路径是指将干扰源产生的干扰传输到敏感设备的途径，说明干扰如何传输。敏感设备是受到影响的设备，说明干扰到哪里去。

2）抑制电磁干扰的方法

第一，设法降低电磁波辐射源或传导源。第二，设法切断电磁干扰路径。第三，增加敏感设备的抗干扰能力。对特定设备和环境而言,第二个方法和第三个方法是主动抗干扰方法。

2. 接地抗干扰方法

1) 接地的抗干扰作用

设备接地具有信号参考地、保护接地、防雷接地和检测故障等多种功能。设备机壳接地后,因为静电感应积累在设备机壳上的大量电荷可以及时通过大地泄放,降低了电荷放电造成的干扰。屏蔽装置接地可获得更好的屏蔽效果。为了防止雷击,提高接地的抗干扰作用,设备的机壳和建筑的金属构件等必须接大地且接地电阻一般要很小,如图 4-56 所示。

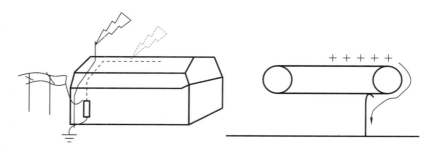

图 4-56 抗干扰接地示意图

2) 接地方式

接地方式有单点接地、多点接地和混合接地三类。

单点接地是指在一条线路中,只有一个物理点被定义为接地参考点,其他各个需要接地的点都直接接到这一点上,缺点是不适宜用于高频场合,如图 4-57(a)所示。多点接地是指某一个系统中各个接地点都直接接到距它最近的接地平面上,以使接地引线的长度最短,缺点是维护较麻烦,如图 4-57(b)所示。接地平面可以是设备的底板,也可以是贯通整个系统的地导线,还可以是设备的结构框架等。

综合使用两种接地方式完成电路地线与地平面的连接称为混合接地,如图 4-57(c)所示。混合接地容易出现旁路电容和引线电感构成的谐振现象。

3. 屏蔽抗干扰方法

1) 电磁屏蔽工作原理

电磁屏蔽就是对两个空间区域之间进行金属隔离,控制电场、磁场和电磁波由一个区域对另一个区域的感应和辐射,简单来说就是阻断设备电磁波的传播路径,具体来说就是利用电磁屏蔽体将电磁干扰源包围起来防止向外扩散,同时防止它们受到外界电磁场的影响,如图 4-58(a)所示。

当电磁波传播到屏蔽体表面时,由于空气与屏蔽体界面处阻抗发生突变,电磁波的反射现象首先产生反射耗损。进入金属屏蔽体内部的电磁波会由于感应电动势形成涡流产生吸收损耗。在屏蔽体内部未衰减掉的电磁波传播到屏蔽体另一表面时再次发生阻抗突变,会重新返回屏蔽体内后产生多次反射直至大部分完全耗损,达到电磁屏蔽的效果,如图 4-58(b)所示。

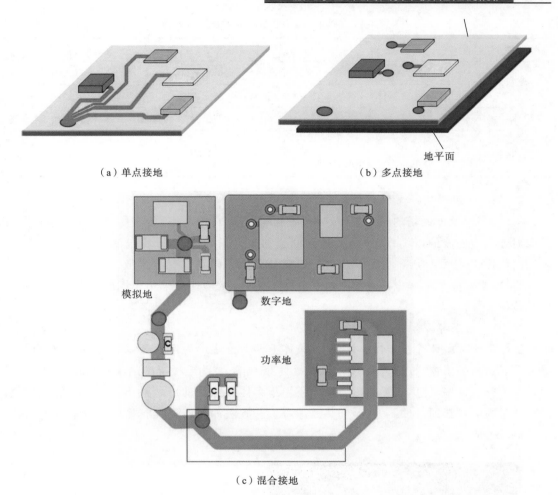

（a）单点接地　　　　　　　　　　（b）多点接地

地平面

模拟地

数字地

功率地

（c）混合接地

图 4-57　单点接地、多点接地和混合接地方式示意图

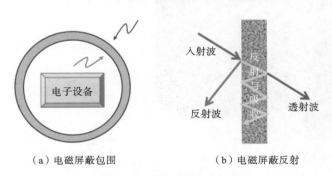

（a）电磁屏蔽包围　　　　　　　　（b）电磁屏蔽反射

图 4-58　电磁屏蔽工作原理示意图

　　理论上我们可以证明,电磁波频率增加,吸收损耗的比例随之增加,反射损耗的比例随之减少。影响材料电磁屏蔽效能的因素包括材料的电导率、磁导率及厚度等,常用电磁屏蔽材料特点及应用场合如表 4-33 所示。

表 4-33　常用电磁屏蔽材料特点及应用场合

类型	实例	特点	应用场合
铁磁材料	金属铁磁材料(铁、镍、铁镍合金)	高磁导率、低电导率	低频 $f<300$ kHz
	非金属铁磁材料(铁氧体)	高导磁率、高介电性	高频弱电领域
良导体材料	银、铜、铝及其合金	高电导率、低磁导率	高频电磁场、低频电场、静电场
复合材料	导电橡胶、导电塑料、导电浆料、导电涂料、导电布、导电泡棉、导电膜等	弹性、柔性、质量轻	复杂场合、多功能要求

2) 屏蔽体材料选择原则

第一,当干扰电磁场的频率较高时,利用低电阻率(高电导率)的金属材料中产生的涡流形成对外来电磁波的抵消作用,从而达到屏蔽的效果。第二,当干扰电磁波的频率较低时,采用高导磁率的材料使磁力线限制在屏蔽体内部,从而防止电磁波扩散。第三,在某些场合下,如果要求高频和低频电磁场都具有良好的屏蔽效果,则往往采用不同的金属材料组成多层屏蔽体。

3) 常用电磁屏蔽体

实际电磁屏蔽体除了结构本体外,屏蔽体上还有许多电磁泄漏源,如不同部分结合处的缝隙、通风口、显示窗、按键、指示灯、电缆线、电源线等,成为电磁屏蔽的隐患,如图 4-59(a)所示。为了解决这些隐患,实际电磁屏蔽体还用于本体缝隙处的屏蔽衬垫,它是由金属、塑料、硅胶和布料等材料通过冲压、成型和热处理等工艺方法加工而成具有导电性的器件材料,如图 4-59(b)所示。

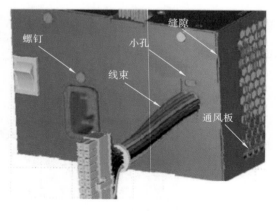

（a）电磁泄漏源

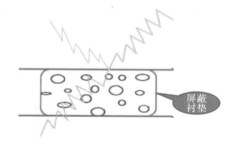

（b）屏蔽衬垫

图 4-59　屏蔽体电磁泄漏源和屏蔽衬垫示意图

除此之外,针对有导体的产品,可以采用磁环/磁珠等元件进行屏蔽;对于通风孔位置,根据截止波导原理设计的截止波导通风板(蜂窝板),既解决了设备的散热通风问题,又具有高效的电磁屏蔽效能。

4. 滤波抑制干扰方法

1) 滤波抑制干扰原理

使用滤波器滤波是抑制传导电磁干扰的重要措施。传导电磁干扰信号的频谱成分不等于设备的工作信号频谱成分,滤波器对那些与工作信号频谱成分不同的频谱成分具有良好的抑制能力,还可以显著减小传导电磁干扰信号的电平,进一步增强设备的抗干扰能力。

图 4-60 所示的为滤波器抑制传导电磁干扰示意图,包含工作信号频谱 $f_1 \sim f_2$ 的所有信号通过滤波器响应后,通带内的工作信号频谱损耗较小,信号略小,其他传导电磁干扰信号则大部分被抑制掉。

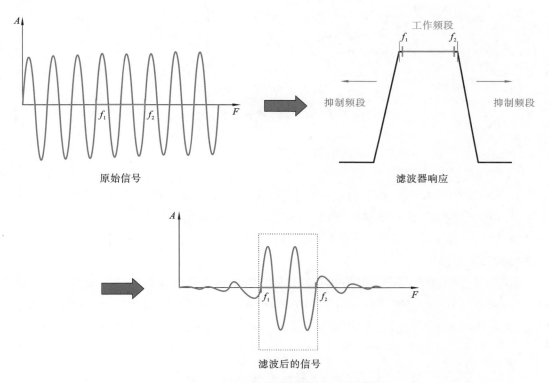

图 4-60　滤波器抑制传导电磁干扰示意图

2) 滤波方式分类

由于传导电磁干扰信号可以分为连续模拟信号和离散数字信号两类,所以按信号分类,滤波方式也可以分为模拟滤波方式和数字滤波方式两类。

3) 模拟滤波方式概述

模拟滤波方式是通过硬件电路实现的。我们用电容、电感、电阻等元件组成硬件滤波电路,滤除传导电磁干扰信号中的有害频谱成分。模拟滤波方式还可以分为无源滤波电路和有源滤波电路两类,实用中无源滤波电路应用较多。

有源滤波电路不仅有无源元件,还有场效应管、集成运放器等有源元件,如图 4-61 所示的赛伦-凯有源滤波电路。有源滤波电路除了输入信号外,还必须要有外加电源才能正常工

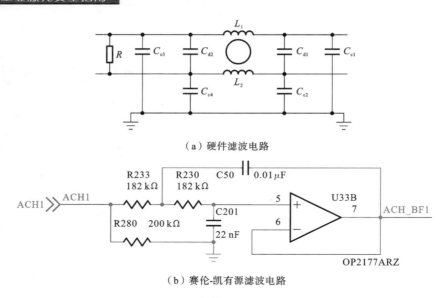

（a）硬件滤波电路

（b）赛伦-凯有源滤波电路

图 4-61　典型模拟滤波电路示意图

作,它本身也是谐波源,会产生谐波干扰。

4）数字滤波方式概述

数字滤波方式是通过一定的计算或判断程序减少干扰信号在有用信号中的比重,实质上它是一种程序滤波,但也不是完全脱离相关硬件,比如数字信号处理器(DSP)就是常见的数字滤波设备,除了滤波,DSP 还会对数字信号进行变换、检测、谱分析、估计、压缩、识别等一系列的加工处理。

数字滤波方式分为经典滤波方式和现代滤波方式两大类。经典滤波方式的基础是傅里叶变换,它建立在信号和噪声频率分离的基础上,通过将噪声所在频率区域幅值衰减来达到低通、高通和带通等不同滤波方式的目的,如图 4-62 所示的数字带通滤波器。

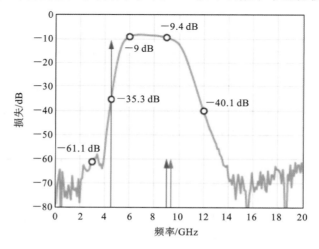

图 4-62　数字带通滤波器效果示意图

现代滤波方式通过对噪声和信号的统计特性(如自相关函数、互相关函数、自功率谱、互功率谱等)做一定的假定,通过合适的数学模型分辨出典型参数达到滤波的目的,所以现代滤波技术没有所谓带通、低通、高通之分。

总的来说,数字滤波方式可以大致分为频率-硬件-经典滤波和统计-算法-现代滤波两大类方式,不需要增加硬设备,对超低频率信号(0.01 Hz)信号也可以实现滤波,具有可靠性高、稳定性好、功能性强的特点。

(三)典型抗电磁干扰器件识别

1. 带铁氧体磁芯的导线

在需要良好抗干扰的导线中,我们经常看到靠近接口处的导线附件直径比其他部分大出许多,如图 4-63(a)所示。

(a)带铁氧体磁芯的导线　　　　　(b)铁氧体磁芯

图 4-63　带铁氧体磁芯的抗电磁干扰导线示意图

如果我们设法打开导线直径较大处,可以发现导线从铁氧体材料制成的磁芯中穿过,磁芯与导线共同构成有损电感,可以起到滤除高频电磁干扰的作用,如图 4-63(b)所示。

铁氧体磁芯的阻抗由感抗和等效损耗阻抗两部分组成,具有很好的高频干扰抑制能力,广泛应用于各种电子产品。

2. 抗干扰同轴电缆

抗干扰同轴电缆的结构一共分为五层,如图 4-64 所示。抗干扰同轴电缆最里层是电缆的导体,第二层是填充在导体和内绝缘层之间的铁氧体材料,第三层是内绝缘层,第四层是屏蔽编织,第五层是外绝缘层,五层材料合在一起具有很好的高频衰减特性,起到较好的滤波抗干扰效果。

3. 电磁密封衬垫

1)电磁密封衬垫功能

电磁密封衬垫是一种弹性好、导电性高的材料,将它填充在设备的缝隙处能保持导电连续性,是解决缝隙电磁泄漏的良好方法。衬垫硬度应当适中,硬度太低,易造成接触不良,屏蔽效能较低;硬度太高,需要较大的压力,给结构设计造成困难。衬垫厚度应能满足接触面

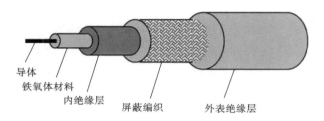

导体
铁氧体材料
内绝缘层　屏蔽编织　外表绝缘层

图 4-64　抗干扰同轴电缆示意图

不平整度的要求,利用其弹性,将缝隙填充满,达到导电连续性的目的。

永久形变电磁密封衬垫只有在外力作用下发生一定的形变时才有屏蔽作用。在外力去掉后,衬垫不会完全恢复到原来的形状,即发生了永久形变。衬垫的压缩永久形变越小越好。

2)常用电磁密封衬垫类型

金属丝网衬垫使用金属丝编织成的弹性网套,为纯金属接触,接触电阻低;但金属丝在高频时会呈现较大感抗,使屏蔽效能降低,所以只适用于 1 MHz 以下的频率范围。橡胶芯编织网套将金属丝编织的网套套在发泡橡胶芯或硅橡胶芯上,具有很好的弹性和导电性。

导电橡胶衬垫在硅橡胶内填充金属颗粒或金属丝构成导电的弹性物质。由于导电橡胶中的导电颗粒之间的容抗在高频时会降低,填充金属颗粒在高频时屏蔽效能较高。如果填充方向一致的金属丝,还可以做到纯金属接触,但由于金属丝在高频时呈现较大感抗,使屏蔽效能降低,所以填充金属丝时只适用于低频。

铍铜指形簧片利用铍铜良好的弹性和导电性,可制成各种指形簧片。由于纯金属接触,直流电阻低,感抗又小,所以低频和高频时都具有较高的屏蔽效能。

螺旋管衬垫用镀锡铍铜或不锈钢做成的螺旋管,具有良好的弹性和导电性,是目前屏蔽效能最高的衬垫。

4. 导电化合物

导电化合物包括各种导电胶和各种导电填充物等。

环氧导电胶可用于金属之间,金属与非金属之间,各种硬性表面之间的导电粘接。可代替焊锡,完成微波器件引线连接;可修复印制板线路,可用于导电陶瓷粘接,天线元件粘接,玻璃除霜粘接,导电/导热粘接,微波波导部件粘接等。硅脂导电胶用于将弹性的导电橡胶粘接固定在金属表面上,可应用于航天、航空、军用等电子设备中。

导电填充物是一种高导电糨糊状材料,用于无法加装屏蔽衬垫的缝隙处,固化后仍保持弹性。

5. 截止波导通风板

波导管是一种能够引导电磁波的结构或装置,最简单的波导管就是方形和圆形的空金属管,如图 4-65 所示,其他还有如脊形波导、椭圆波导、介质波导等,还包括双导线、同轴线、带状线、微带和镜像线、单根表面波传输线等类型。

理论上可以证明,当金属管截面尺寸满足一定条件时,可以传输一定频率范围的电磁波,同时波导管存在一个截止频率,当频率低于截止频率时,电磁波被截止而不能传输。根据这个原理我们可以把波导管设计成截止波导管,依次排列许多截止波导管就可以组成截止波导通风板,为了提高通风效率,把每个截止波导管的截面都设计为六角形,故又称为蜂窝状通风板。当屏蔽效能要求很高时,可用两块截止波导通风板构成双层通风板。而通风板材料的导电率是屏蔽效能的重要因素,采用高导电率材料或镀层的通风板可以得到高屏蔽效能。

6. 导电玻璃和导电膜片

显示屏或显示窗口既要满足视觉要求,又要满足防电磁辐射的要求,可选用导电玻璃实现屏蔽功能。

导电玻璃可用两块光学玻璃中间夹金属丝网构成,如图 4-66 所示。金属丝网的密度越大,屏蔽效能就越高,但透光性变得越差。导电玻璃也可由光学玻璃或有机玻璃表面镀的金属薄膜构成。此外,还可以在透明聚酯膜片上镀以金属薄膜而制成柔性透明导电膜片。这种膜片透光性可达 $70\% \sim 80\%$,厚度仅 $0.13\ \text{mm}$,可以直接贴覆在常规玻璃或有机玻璃表面,特别适用于要求高透明度和中等屏蔽效能的仪表表盘、液晶显示器、面板指示灯孔、彩色显示器等部位。

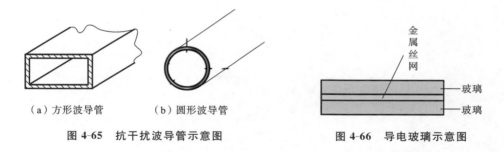

（a）方形波导管	（b）圆形波导管

图 4-65　抗干扰波导管示意图

图 4-66　导电玻璃示意图

（四）激光设备抗电磁干扰器件案例

1. 激光打标机电磁干扰三要素

（1）干扰源:Q 驱动器(声光电源)、激光电源等器件。

（2）干扰通道:驱动电路和机柜里面的电磁波辐射。

（3）被干扰的器件:振镜、激光打标卡等器件。

2. 激光打标机电磁干扰案例分析

激光打标机遇到信号干扰时,加工出来的直线往往会是波浪状。这主要是振幅镜信号或激光打标卡受到信号干扰的结果。

干扰的主要因素有激光电源和声光驱动器,如果怀疑有外界电网波动对振镜的干扰作用,可以在不开激光电源驱动器时,用指示红光扫描,观察红光图案线条是否为波浪线。

在确定外界电网没有干扰的情况下,可以先启动激光电源,看看有没有波浪线产生。然后将激光电源输出功率逐渐加大,观察扫描线条的效果。最后启动声光驱动器进行观察,波浪现象发生在哪一步便基本可以判断出干扰来自哪一部分。找出干扰源后再"对症下药"。

【任务实施】

（1）制订项目4任务四工作计划，填写项目4任务四工作计划表（见表4-34）。

表 4-34　项目 4 任务四工作计划表

1. 任务名称			
2. 搜集整理项目 4 任务四课外书、网站、公众号	（1）	课外书	
	（2）	网　站	
	（3）	公众号	
3. 搜集总结项目 4 任务四主要知识点信息	（1）	知识点	
		概　述	
	（2）	知识点	
		概　述	
	（3）	知识点	
		概　述	
	（4）	知识点	
		概　述	
	（5）	知识点	
		概　述	
4. 搜集总结项目 4 任务四主要技能点信息	（1）	技能点	
		概　述	
	（2）	技能点	
		概　述	
	（3）	技能点	
		概　述	
5. 工作计划遇到的问题及解决方案			

（2）完成项目4任务四实施过程，填写项目4任务四工作记录表（见表4-35）。

表 4-35　项目 4 任务四工作记录表

工作任务	工作流程		工作记录
1.	（1）		
	（2）		
	（3）		
	（4）		

续表

工作任务	工作流程		工作记录
2.	(1)		
	(2)		
	(3)		
	(4)		
3.	(1)		
	(2)		
	(3)		
	(4)		
4. 实施过程遇到的问题及解决方案			

【任务考核】

（1）培训对象完成项目 4 任务四以下知识练习考核题。

① 图 4-68～图 4-71 所示的为某一类电磁干扰危害防护措施，请写出它们的名称、抗干扰原理和主要应用场合。

图 4-67　措施 1

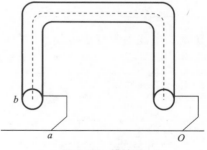

图 4-68　措施 2

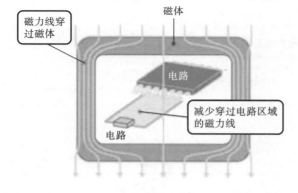

图 4-69　措施 3

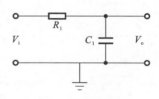

图 4-70　措施 4

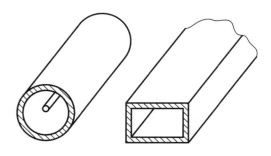

图 4-71　措施 5

② 按照干扰来源分类搜集整理电磁干扰源种类的具体案例,填写表 4-36。

表 4-36　电磁干扰源种类的具体案例

干扰来源分类	小类名称	具体案例
1.	(1)	
	(2)	
2.	(1)	
	(2)	
	(3)	

③ 根据电能国家标准搜集不同供电电压偏差标准和具体案例,填写表 4-37。

表 4-37　国家标准供电电压偏差标准和具体案例

国家标准名称及代号			
序号	类型	标准	案例
1			
2			
3			

④ 根据相关国家标准搜集不同接地方式及其主要应用案例,填写表 4-38。

表 4-38　不同接地方式及其主要应用案例

国家标准名称及代号		
序号	接地类型	应用案例
1		
2		
3		

⑤ 根据相关国家标准搜集软件/硬件兼容性相关知识,填写表 4-39。

表 4-39 软件/硬件兼容性主要应用案例

国家标准名称及代号		
序号	大类名称	类型及应用案例
1		
2		

（2）培训对象完成项目 4 任务四以下技能训练考核题。

① 利用课内外教材、网站、公众号等资源,搜集本企业或外企业激光设备工控机软件/硬件故障解决方案,填写表 4-40。

表 4-40 激光设备工控机软件/硬件故障解决方案训练

企业名称		
故障分类	故障案例	解决方案
	（1）	
	（2）	
	（1）	
	（2）	

② 利用课内外教材、网站、公众号等资源,搜集本企业或外企业设备抗电磁干扰危害的具体措施并初步做出安全合格性评价,填写表 4-41。

表 4-41 企业抗电磁干扰危害案例训练

企业名称		
安全合格性评价		
设备（场地）名称		
抗干扰措施	（1）	（1）
	（2）	（2）
	（3）	（3）
	（4）	（4）

（3）培训教师和培训对象共同完成项目 4 任务四考核评价,填写考核评价表（见表 4-42）。

表 4-42 项目 4 任务四考核评价表

评价项目	评价内容	权重	得分	综合得分
专业知识	知识练习考核题完成情况	40%		
专业技能	技能训练考核题完成情况	40%		
综合能力	培训过程总体表现情况	20%		

5

产品全生命周期安全与事故应急救援

【项目导入】

任何激光设备和激光装置的全生命周期与制造业关联最大的是安装调试制造、正常工作使用和维护保养维修三个阶段,不同阶段的主要危险种类既有相同之处,也有各自特点,危险防护方法也应该有所侧重。同时,尽管我们可以通过各类技术、管理方法避免各类事故的发生,但仍然可能百密一疏,在不同时期发生大大小小各类安全突发事故。

项目5将了解激光设备和激光装置的全生命周期全流程安全知识,学习企业突发安全事故应急救援流程知识,搜集企业突发安全事故应急救援训练案例,它包含以下2个具体任务:

任务一:产品全生命周期安全知识与危险评估;

任务二:突发安全事故应急救援预案实施。

通过完成项目5上述2个任务,本书读者将对激光设备和激光装置的全生命周期不同阶段的主要危险评估方法有了初步的认识,学会整理企业突发安全事故应急处理预案资料,能够顺利以适当角色参与突发安全事故应急救援过程,为进一步搞好激光安全工作打下良好基础。

任务一　产品全生命周期安全知识与危险评估

【学习目标】

知识目标

1. 了解产品全生命周期安全相关知识

2. 掌握激光设备安全要求基础知识

3. 掌握激光设备危险评估基础知识

技能目标

1. 评估激光设备整机或部件全生命周期失效指标

2. 编写激光设备用户说明书安全使用相关规定

【任务描述】

投入市场的定型激光设备会经历需求、规划、设计、生产、经销、运行、使用、维修保养、直到回收再用处置的全生命周期。激光设备制造商和设备用户共同对设备全生命周期的安全工作负有责任。

《机械安全 激光加工机 第1部分:通用安全要求》(GB/T 18490.1—2017)国家推荐标准规定了设备制造商的安全生产责任和主要工作任务,制造商必须和设备用户一起全面掌握和认真执行,避免和减少安全生产危害带来的损失。

项目5任务一力求通过任务引领的方式学习产品全生命周期安全知识和《机械安全 激光加工机 第1部分:通用安全要求》(GB/T 18490.1—2017)主要内容,通过案例分析让读者掌握其中涉及的必要知识和主要技能。

【学习储备】

一、产品全生命周期安全知识

(一)产品的分类知识

产品的分类方法很多,依照产品的创新和改进程度划分为全新产品、换代产品和变形产品三类,如图5-1所示。

1. 全新产品

全新产品是科学技术的新创造和新发明,根据新理论、新技术等研究成果研制而成的产品,如第一台商用激光器的出现、第一台智能手机的出现、第一台空调的问世等,该类产品占据全部产品的比例仅约10%。

2. 换代产品

换代产品与全新产品相比较,保持设计原理基本不变,部分运用新技术、新材料提高与改善产品的外观、功能和性能,如相同类型不同功率的激光器、相同品牌不同型

图 5-1 产品的分类方法示意图

号的智能手机、变频空调等。换代产品占据全部产品的比例比全新产品高一些。

3. 变形产品

变形产品大多是根据企业自身技术实力,通过运用技术措施改进老产品的性能、外观所产生的满足客户需求的产品,如功能扩展的相同类型打标机、相同型号不同版本的智能手机、不同型号规格的变频空调等。这类产品是大多数企业设计生产的对象,在整个产品的设计制造中占有绝对大额的比例。

(二)产品生命周期基础知识

1. 产品生命周期的概念

产品生命周期(product life cycle)是产品从准备进入市场开始到被淘汰退出市场为止的

全部过程,它由需求与技术的生产周期所决定,是产品或商品在市场中的经济寿命。

根据市场营销学的定义,产品生命周期一般分为导入期、成长期、成熟期和衰退期四个阶段,如图 5-2 所示。

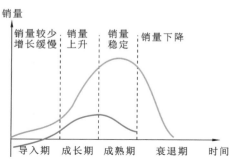

图 5-2　市场营销学定义的产品生命周期示意图

四个阶段的主要特征如表 5-1 所示。

表 5-1　产品生命周期的主要特征

类别	导入期	成长期	成熟期	衰退期
特征	不成熟	差异化	标准化	差别小
销量	少,增长慢	销售扩大	稳定,基本饱和	下降
竞争	企业数量少	竞争加剧	价格竞争最激烈	有些竞争者先于产品退出市场
利润	净利润较低	净利润最高	毛利率、净利润率下降,利润空间适中	产品价格、毛利很低
风险	非常高	高	中	低

2. 产品全生命周期管理

产品从需求、规划、设计、生产、经销、运行、使用、维修保养直到回收再利用的过程称为产品的全生命周期,对产品全生命周期的全部信息进行管理是非常重要的工作,如图 5-3 所示。

图 5-3　产品全生命周期管理示意图

（三）制造类企业产品的生命周期

1. 生命周期划分

制造类企业的产品绝大多数属于变形产品，我们可以此类产品生命周期划分为概念阶段、设计阶段、采购阶段、制造阶段、销售阶段、服务阶段更为简单的五个阶段，如图5-4所示。

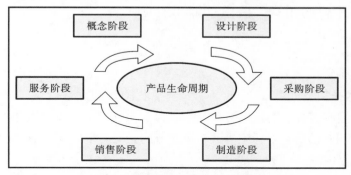

图 5-4　变形产品的生命周期示意图

2. 产品需求调研阶段概述

企业需要对市场需求、客户需求进行调查与分析，确定产品的基本功能、性能、使用环境等。

3. 产品概念设计阶段概述

设计工程师根据工程设计知识、已有经验和市场需求构思产品的主要功能、应用技术、基本原理和基本结构及其可制造、可装配、可维修的基本信息。

4. 产品正式设计阶段概述

在概念设计阶段的基础上给出完整的产品开发方案，包括产品配置、零部件几何形状、尺寸、精度及其相互间的约束关系。在这个阶段，设计工程师利用CAD系统构建产品几何模型，并将其细化为部件和零件。

5. 产品加工制造阶段概述

产品加工制造阶段经过生产准备、工艺、加工、装配等过程，形成产品的物理形态。这个阶段，管理工程师根据产品设计方案确定物料需求，制定相应的原材料采购计划、自制件加工计划和零部件外协加工计划。

在这个阶段，管理人员分解以上各种计划，优化配置制造资源，检验原材料、自制件和外协件质量，开展加工装配等主导性工作，完成部分零件的加工和最终产品的生产装配与质量检验。

6. 产品销售服务阶段概述

产品销售服务阶段经历从物理产品形成到产品报废为止的时间跨度。在这个阶段，服务工程师对产品进行测试，交付用户使用；对于需要维修的产品，维修人员能够及时进行产品维修。

从制造类企业产品的生命周期我们可以知道，在产品如何被设计、制造、操作、使用、服务、报废和处理的全生命周期,在产品正式设计阶段、产品加工制造阶段和产品销售服务阶段,设备的安全使用与危险防护工作都是重中之重。

《机械安全 激光加工机 第1部分:通用安全要求》(GB/T 18490.1—2017)对激光设备的安全生产做了原则规定,激光设备制造商必须逐条理解并认真执行。

二、激光加工机通用安全要求基础知识

(一)激光加工机通用安全要求标准简介

1. 标准结构简介

《机械安全 激光加工机 第1部分:通用安全要求》(GB/T 18490.1—2017)包括前言和引言等提示性文字;包括范围、规范性引用文件、术语和定义、危险、安全要求与措施、安全要求和措施的验证、给用户的信息及标记等共8个章节的正文文字以及2个附录等内容。

2. 标准学习安排

本书项目3和项目4分别介绍了术语和定义、危险,项目5任务一将介绍安全要求与措施、安全要求和措施的验证、给用户的信息,使读者对该标准有比较全面的了解。

(二)激光设备安全要求与措施基础知识

1. 通用要求

在激光加工机的设计与制造阶段,每一个设备制造商应采取以下适当的安全措施以确保激光加工机的安全。即使制造商与顾客/用户是同一法人实体,制造商也应该对整个机器(包括组件的符合性)负责。

以下这些措施适用于本标准第4章节中规定的所有危害,制造商应该参考附录A和附录B的资料信息,对所有危害进行分析和风险评估。

(1)危害识别与风险分析。

(2)安全措施的实施。

(3)安全措施有效性的确认与验证。

(4)为用户提供适当的安全使用信息。

对于《机械安全 激光加工机 第1部分:通用安全要求》(GB/T 18490.1—2017)中未包括的机械危险的安全要求和措施,制造商应遵循《机械安全 设计通则 风险评估与风险减小》(GB/T 15706—2012)的规定。

2. 风险评估

1)风险评估时间

风险评估应在激光加工机全生命周期的所有阶段进行,负责改变的人员或组织对加工机进行每一次改变之后必须做风险评估。风险评估的结果应及时、准确地记录,记录文件内容见《机械安全 设计通则 风险评估与风险减小》(GB/T 15706—2012)的相关要求。

2)风险评估内容

在《机械安全 激光加工机 第1部分:通用安全要求》(GB/T 18490.1—2017)中,风险评

估主要应该遵循以下规范要求。

（1）在本标准 4.2 章节和标准 4.3 章节中列出的危害。

（2）危害区，特别是激光系统、激光光束路径/光束传输系统以及加工区域。

（3）在本标准 4.3 章节中列出的干扰。

在企业实际工作中，风险评估往往会参考同行已有同类型设备的相关资料，主要考虑本企业设备的相关危害、使用环境条件和企业人员素质，如图 5-5 所示。

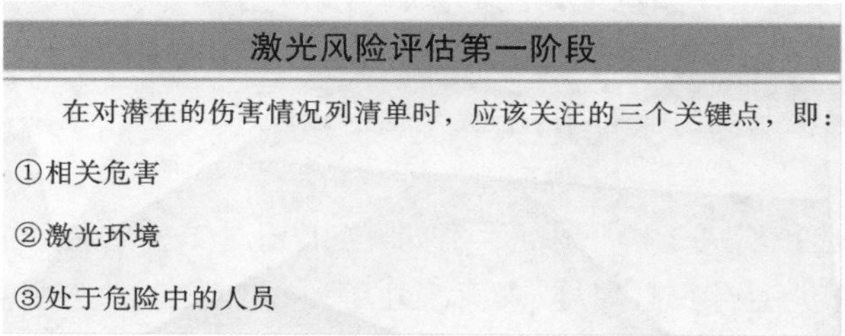

激光风险评估第一阶段
在对潜在的伤害情况列清单时，应该关注的三个关键点，即：
①相关危害
②激光环境
③处于危险中的人员

图 5-5　激光设备风险评估示意图

（三）激光辐射危险的综合防护知识

1. 辐射危险防护原则要求

（1）在非受限和非受控可接近位置操作激光加工机时，在生产期间，应排除人员暴露在超过 1 级可达发射极限（AEL）的激光辐射水平的可能性。维护时，则应避免人员受到超过直接观看可达发射极限（AEL）的激光辐射水平。

为满足上述要求，应按照《激光产品的安全 第 1 部分：设备分类、要求》（GB 7247.1—2012）和《机械安全 设计通则 风险评估与风险减小》（GB/T 15706—2012）的规定采取措施，阻止未经许可的人员进入危险区。

（2）在受限和受控可接近位置操作激光加工机时，在生产期间（不管正常与否），应排除人员暴露在超过人眼照射极限 $3×10^4$ s 的最大允许照射量（MPE）的激光辐射水平的可能性。

受限和受控可接近位置的防护要求高一级，工程控制或管理控制措施除了满足非受限和非受控可接近位置的防护要求以外，还应重新进行风险评估；如果不能阻止未经许可的人员进入危险区，所有人员必须使用包括本书项目 3 任务一提到的激光防护眼镜等个人保护装备（PPE），以避免人员暴露在超过人眼最大允许照射量（MPE）的辐射之中。

（3）不考虑受限或受控可接近位置时所有的激光加工机应符合下列条件，如果在加工机运转的同时人员不得不在危险区停留（如维修期间），则该加工机装备应能直接控制加工机运行、光束方向和光束挡块的装置；设计的保护装置，如光闸、激光防护屏、光束吸收器件、自动停机机构、阻滞器件等器件应符合（GB 7247.1—2012）《激光产品的安全 第 1 部分：设备分类、要求》和《机械安全 设计通则 风险评估与风险减小》（GB/T 15706—2012）规定的要求。同一保护装置可用来同时防护一种以上的危害；激光防护屏应符合《激光产品的安全 第 4 部分:激光防护屏》(GB/T 7247.4—2016)规定的要求。

2. 设备生产期间的辐射危险防护要求

(1)应根据风险评估的结果来确定危险区,主要危险区通常是加工区。

(2)在危险分析中应说明要采用的是局部保护方式还是外围保护方式。

(3)局部保护是使激光辐射以及有关的光辐射减小到安全量值的一种防护方法(如借助于套管或小块防护屏的方式遮挡在工件上的光束焦斑)。出于维修方便考虑,一般不必将工件、工件支架和/或加工机运动系统全封闭起来。

(4)外围保护是通过一个或多个远距离防护屏(如防护围封)将工件、工件支架以及加工机,通常是大部分的运动系统封闭起来,使激光辐射以及有关的光辐射减小到安全量值的一种防护方法。

(5)保护的种类选择取决于以下因素,例如,光束相对工件的传输方向是固定的或可变的;激光加工机的工作类型(切割、焊接、表面改性等);待加工工件的材质、形状及表面状态;工件支架形状;加工区的能见度等。

3. 设备维修期间的辐射危险防护要求

在维修期间,人员有时是不可避免地受到超过1类可达发射极限(AEL)的激光辐射。因此,应按所列先后顺序考虑下述四种情况进行激光加工机的设计,并提供适宜的安全保护措施。制造商应说明可能受到的激光辐射的类别,并推荐上述每种情况下适宜的安全规程。

(1)在危险区外面进行维修;

(2)在危险区里面进行维修,采用和生产期间相同的方式控制进入危险区通道;

(3)在危险区里面进行维修,如把生产期间正常封闭的防护屏打开,但激光辐射不超过1类可达发射极限(AEL)水平;

(4)在危险区里面进行维修,如因打开生产期间正常封闭的防护屏,人员受到超过1类可达发射极限(AEL)的激光辐射。

4. 设备示教、编程和程序验证期间的辐射危险防护要求

在示教、编程和程序验证期间,应避免人员受到超过1类可达发射极限(AEL)的激光辐射。如果不能满足这一条件,则应符合维修期间的防护要求。

(四)激光机控制装置与控制电路危险防护知识

1. 原则要求

激光机控制装置与控制电路应符合《机械电气安全 机械电气设备 第1部分:通用技术条件》(GB/T 5226.1—2019)的要求。控制系统的设计应符合《机械安全 控制系统有关安全部件 第1部分:设计通则》(GB/T 16855.1— 2018)的要求。通常情况下,设备要求控制在3类安全级别。

2. 启动/停止控制装置

激光加工机停止控制应使加工机停机(制动机构关断),同时隔离激光束或者停止产生激光。激光器停止控制应停止产生激光。对于激光系统和加工机的其余部分可使用各自独立的控制装置。

3. 紧急停止控制装置

（1）紧急停止控制应符合《机械电气安全 机械电气设备 第1部分:通用技术条件》（GB 5226.1—2019）的要求。

（2）紧急停止控制应同时满足停止产生激光束,并自动置位激光束终止器以防止（发射）激光输出、加工机停机（制动机构关断）和切断激光电源并释放储存的所有能量的三个要求。

（3）每个手持式激光加工机都应有一个独立的启动/停止控制装置。

（4）如果一个激光装置用于几个能够独立运行的加工机,则安装在某一台加工机上的紧急停止控制装置应按上述第（2）条的要求工作,或者使相关的加工机停机（制动机构关断）,并且切断通向该加工机的激光路径。

（5）防止意外启动应符合《机械安全防止意外启动》（GB/T 19670—2005）的要求,紧急停止设备应符合《机械安全 控制系统有关安全部件 第1部分:设计通则》（GB/T 16855.1—2018）的要求。

4. 联锁控制装置和防护控制装置

（1）按照《机械安全 设计通则 风险评估与风险减小》（GB/T 15706—2012）的规定,当激光防护屏被打开或被移走,或者安全联锁装置失效时,激光加工机应不能自动运行。

（2）如果加工机的设计要求,需要临时打开一个或多个激光防护屏（生产过程中通常关闭）给加工机的制动机构供电,应另外设计一种操作模式使其优先权高于激光防护屏。选择这种操作模式应该满足通过可锁定的模式选择器、能自动隔离激光束或关闭激光器、能防止加工机自动运行这样三类控制结果的要求（参见《机械安全防止意外启动》（GB/T 19670—2005））。

（3）钥匙操作开关可用作模式选择器。

（4）移除带有安全联锁的挡板将使安全联锁失效,这种分立预设式联锁优先控制机械装置应满足《激光产品的安全 第1部分:设备分类、要求》（GB 7247.1—2012）中对优先控制机械装置的要求。

（5）应明确告知各类选择的操作模式。选中某种操作模式后,在维修过程中,它可能优先于光束隔离（打开激光束终止器）的操作。

（6）联锁系统应符合《机械安全 与防护装置相关的联锁装置 设计和选择原则》（GB/T 18831—2017）的要求。

5. 隔离激光束的相关措施

（1）应通过阻断和/或偏离激光束来完成激光束的隔离,以防止激光束进入光束传输系统。

（2）实现光束隔离应在激光内或立即移出激光处,安装一个自动防故障激光束终止器（光闸）。当光束终止器处在闭合位置时,应由某一位置显示器显示（防止光束射出）。

（3）应提供简便易行的方法,将光束终止器锁定在闭合位置。此时允许使用钥匙控制。

（4）激光加工机制造商应提供其他的激光光束终止器，如以下两种情况：

① 光路（光束传输系统）中有的区域需要维护或清洁；

② 一个激光装置提供不止一条光路，有必要人工介入某条光路，而激光束正沿某一其他光路传输。

6. 人员位于危险区内时的防护装置

按照《机械安全　设计通则　风险评估与风险减小》（GB/T 15706—2012）中 6.3.2.4 节的规定，当人员有必要停留在危险区内（生产情况除外）时，加工机应提供能控制机器运动和激光束发射的装置，这种装置应符合下列要求并由位于危险区内的人员操作该装置。

（1）该装置应有一个手持式控制开关，断开时应防止人员暴露在超过裸眼不能直接观看的可达发射极限（AEL）的激光辐射，或者采用《机械电气安全　机械电气设备　第 1 部分：通用技术条件》（GB/T 5226.1—2019）提供的其他控制方法保护；

（2）在使用该装置进行控制时，加工机的运动和激光束的发射应完全仅受此装置控制；如果通过控制门人员可以进入危险区，则应在这些控制门都关闭后，才能用该装置启动激光发射。

（五）由材料和物质产生的危险防护知识

（1）制造商应该告知客户/用户该激光加工机能加工哪些材料。制造商也应该使客户/用户了解通过激光辐射无意中会损坏的物料。制造商应该提供适宜的方法来收集加工产生的烟雾和加工这些物料产生的弥漫在空气中的悬浮颗粒。制造商还应提供加工这些物料时产生的烟雾和尘埃的临界限值的信息。

注：根据地方、国家或地区允许的极限值安全地清除和处理加工机加工产生的烟雾及颗粒物是客户/用户的责任。

（2）应预先考虑用于辅助激光/工件相互作用的辅助气体（如氧气）带来的危害，以及产生的任何烟雾所造成的危害。相关的危害包括爆炸、着火、有毒影响、氧气过剩及缺氧。其他潜在危险参见《机械安全　激光加工机　第 1 部分：通用安全要求》（GB/T 18490.1—2017）本标准附录 A。

（六）安全要求和措施的验证方法及过程

（1）应通过目测确认与本部分的要求符合的一致性程度，特别要确认有关的激光防护屏和控制装置是否存在并定位准确。

（2）应按照制造商规定的功能测试来检验控制装置的正常（操作）功能。有关激光辐射水平的验证程序应符合《激光产品的安全　第 1 部分：设备分类、要求》（GB 7247.1—2012）的规定。

（七）给用户的信息要求

（1）除了按照《机械电气安全　机械电气设备　第 1 部分：通用技术条件》（GB/T 5226.1—2019）、《激光产品的安全 第 1 部分：设备分类、要求》（GB/T 7247.1—2012）、《激光器和激光相关设备　激光装置对文件的最低要求》（ISO 11252：2013）和《机械安全　设计通则　风险评估与风险减小》(GB/T 15706—2012)规定的要求外,还应满足以下要求。

① 制造商应向客户/用户提供与安全相关的文件和相应的资料,包括正确维护和维修的规程。

② 制造商应告知用户,将加工机加工产生的烟雾与颗粒物排除和/或处理是用户的责任。

③ 制造商应提供已规定可加工的材料和加工这些物料时产生的烟雾和尘埃的限值信息。制造商还应提供有关排除烟雾和尘埃的处理设备的一般信息。

④ 制造商应对用户进行适宜的、切实可行的安全方面的培训。

⑤ 制造商应在用户使用说明书和/或操作手册中的显著位置写出警告语句,警告用户可能存在的潜在危害。

（2）在使用说明书和/或操作手册中包含以下内容。

① 《激光产品的安全　第 1 部分:设备分类、要求》(GB 7247.1—2012)规定的对主要激光辐射的防护措施。

说明书和/或操作手册中最低要求是:在可能受到 3B 和 4 类激光产品的辐射照射时,佩戴与激光波长和功率相适应的激光防护眼镜。

② 某些操作,如焊接,可能会产生强烈的紫外线和/或可见光辐射。说明书和/或操作手册中最低要求是:在可能受到这类辐射照射时,应佩戴适当的防护眼罩(如焊接面罩)。

③ 绝大多数物料在加工时都会产生烟雾和颗粒物。在加工金属时会产生重金属气化物。这些气化物能伤害人体的器官与组织。在加工塑料时,可能产生有害的副产品(如过敏性物质、有毒物质、致癌物)。可采取适宜的防护措施,如佩戴防护面具或过滤呼吸面罩等。说明书和/或操作手册中最低要求至少应该有如下 5 条。

a. 熟悉待加工的物料,了解可能会产生的副产品,评估他们对健康的风险,并确定必要的防护措施;

b. 采用适当的措施防止或控制有害风险;这类措施通常会要求可靠地排除加工区的烟雾,并将其净化到符合要求以后,再排放到远离人群的大气中;

c. 告知、指导和培训操作者有关的风险及要采取的预防措施;

d. 必要时监控操作者受到的辐射,并按照地方法规要求,采取适当方式跟踪他们的健康状况;

e. 咨询相关管理机构,了解废气排放到大气前必须要满足哪些国家和/或地方法规。

④ 用来驱动激光器及其辅助设备的电压/电流是有危险的。电源可含有电容器组,在关断设备电源后,电容可能要持续一段时间处于充电状态。说明书和/或操作手册中最低要求是在维修电源时应遵循电气安全操作规范。

三、大型激光切割机安全操作与危险防护案例

（一）使用范围

本方案规定了激光切割作业相关安全管理要求。本方案适用于激光切割作业的操作。

（二）规范性引用文件

规范性引用文件有《机械安全 激光加工机 第 1 部分：通用安全要求》(GB/T 18490.1—2017)、《激光产品的安全 第 1 部分：设备分类、要求》(GB 7247.1—2012)。

（三）设备术语和定义

激光切割机是将激光束照射到工件表面时释放的能量来使工件熔化并蒸发，以达到切割和雕刻的目的，具有精度高、切割快速、不局限于切割图案、自动排版节省材料、切口平滑、加工成本低等特点。

（四）人员职责

（1）操作者应按要求维护、保养和使用。
（2）操作者负责产品生产过程中填写质量保证卡、质量检查卡和流程卡。
（3）班组长、车间主任应督促操作者严格执行操作规程。
（4）安全质量管理部应检查激光切割机的维护、保养和使用情况。

（五）安全操作要求

1. 本岗位的主要危险源和环境因素

（1）超出 2000 W 以上的高功率激光器可能导致的激光辐射危险；
（2）超出 36 V 安全电压的器件电源可能导致的电气危险；
（3）助燃和保护气体泄漏可能导致的爆炸和窒息危险；
（4）环境温度湿度剧烈变化可能导致的产品质量下降。

2. 作业活动禁止性要求

（1）严禁安排无证人员操作大型机械设备。
（2）严禁现场存在安全隐患尚未处理，强令工人作业。
（3）严禁气瓶在阳光下暴晒或靠近热源。
（4）严禁无证人员操作激光切割机和计算机。
（5）严禁站在瓶嘴正面开启瓶阀。
（6）严禁在未加防护的激光束附近放置纸张、布或其他易燃物。
（7）严禁在激光束附近不佩戴符合规定的防护眼镜。

3. 作业前安全操作要求

（1）操作者经过培训，熟悉和掌握激光切割机的结构、性能、调整方法和安全须知。
（2）严格遵守设备安全操作规程，按规定穿戴好劳动防护用品。
（3）严格按照激光器启动程序启动激光器，在激光束附近必须佩戴符合规定的防护眼镜。
（4）设备开动时操作者不得擅自离开岗位或托人代管，如的确需要离开时应停机或切断电源开关。
（5）检查激光切割机聚焦镜的清洁度，有污点及灰尘的要及时清理。
（6）将灭火器放在随手可及的地方，不加工时要关掉激光器或光闸，不要在未加防护的激光束附近放置纸张、布或其他易燃物。

（7）保持激光器、床身及周围场地整洁、有序，工件、板材、废料按规定堆放。

（8）使用气瓶时，应避免压坏焊接电线，以免漏电事故发生。气瓶的使用、运输应遵守气瓶监察规程。禁止气瓶在阳光下暴晒或靠近热源。开启气瓶时，操作者应站在瓶嘴侧面。

4. 作业过程安全操作要求

（1）开机后应手动低速沿 x、y 方向开动机床，检查确认有无异常情况。

（2）在输入新的工件程序后，应先试运行，并检查其运行情况。

（3）在未弄清楚某一材料是否能用激光照射或加热前，不要对其加工，以免产生烟雾和蒸气的潜在危险。

（4）工作时，注意观察机床运行情况，以免激光切割机走出有效行程范围或两台激光切割机/设备发生碰撞而造成事故。

（5）在加工过程中发现异常时，应立即停机，及时排除故障。

（6）加工过程中，严禁无关人员进入工作区。

5. 作业结束安全操作要求

（1）工作完毕后，关闭电源，关闭气体阀门，清理工作现场，对设备进行日常的保养与维护。

（2）维修时要遵守高压安全规程。

按规定每运转 40 小时或每周进行维护、每运转 1000 小时或每六个月要按规定程序进行全面维护和保养。

（3）对激光器内部进行维修保养时，要遵守下列三条高压安全程序。

① 关掉高压钥匙开关 SB（锁定），拔走高压钥匙，并保管好。

② 用高压棒对高压电容放电。

③ 不要一人单独检修激光器。

6. 劳动防护用品配备、维护及穿戴要求

（1）劳动防护用品种类：工作服、防砸鞋、防滑手套。

（2）劳动防护用品平时要注意保管，防止脏污和损坏。使用前要仔细检查，确认其确实良好，方可使用。

7. 突发情况应急措施

（1）发生人员伤害事故后，现场人员应立即对伤员进行救护，保护好现场，先打电话给部门负责人及安全质量管理部进行报告，然后拨打 120 救护中心与医院取得联系，应详细说明事故地点、严重程度，并派人到路口接应。

（2）对被伤害的伤员，现场人员应迅速小心地使伤员脱离危险源，对伤口出血的伤员，应使用消毒纱布或清洁织物覆盖伤口，用绷带较紧地包扎伤口以压迫止血。

（3）发生触电事故后，施救人员应立即切断电源，或使用干燥的木棍、竹棒或干布等不导电物以使伤员尽快脱离电源。施救人员切勿直接接触伤员，防止自身触电而影响抢救工作的进行。

（4）在伤员脱离电源后，应立即检查伤员全身情况，特别是呼吸和心跳，发现呼吸、心跳停止时，应采取人工呼吸或胸外心脏挤压法使其恢复正常。

（5）现场其他人员应立即打电话给部门负责人及安全质量管理部进行报告，然后拨打120电话与医院取得联系。

（6）发生火灾事故后，现场人员应立即进行扑救，尽可能将火灾消灭在初始阶段；在扑救的同时，拨打119电话请求支援，并向公司值班室报警，值班人员根据火灾情况酌情启动公司火灾疏散应急预案；火灾扑救后，要妥善保护好火灾现场，为查清火灾起因创造条件。

【任务实施】

（1）制订项目5任务一工作计划，填写项目5任务一工作计划表（见表5-2）。

表 5-2　项目 5 任务一工作计划表

1. 任务名称			
2. 搜集整理项目5任务一课外书、网站、公众号	（1）	课外书	
	（2）	网　站	
	（3）	公众号	
3. 搜集总结项目5任务一主要知识点信息	（1）	知识点	
		概　述	
	（2）	知识点	
		概　述	
	（3）	知识点	
		概　述	
	（4）	知识点	
		概　述	
	（5）	知识点	
		概　述	
4. 搜集总结项目5任务一主要技能点信息	（1）	技能点	
		概　述	
	（2）	技能点	
		概　述	
	（3）	技能点	
		概　述	
5. 工作计划遇到的问题及解决方案			

（2）完成项目5任务一实施过程，填写项目5任务一工作记录表（见表5-3）。

表 5-3　项目 5 任务一工作记录表

工作任务	工作流程		工作记录
1.	(1)		
	(2)		
	(3)		
	(4)		
2.	(1)		
	(2)		
	(3)		
	(4)		
3.	(1)		
	(2)		
	(3)		
	(4)		
4. 实施过程遇到的问题及解决方案			

【任务考核】

（1）培训对象完成项目 5 任务一以下知识练习考核题。

① 依照产品的创新和改进程度搜集产品分类信息，填写表 5-4。

表 5-4　产品分类信息

产品分类		
主要特征		
具体案例		

② 搜集产品生命周期的相关信息，填写表 5-5，回答以下问题。

表 5-5　产品生命周期的相关信息

产品生命周期			
主要特征			
具体案例			

举例说明产品生命周期。

③ 根据《机械安全 激光加工机 第 1 部分：通用安全要求》（GB/T 18490.1—2017）相关章节回答以下问题。

a.《机械安全 激光加工机 第 1 部分：通用安全要求》（GB/T18490.1—2017）的主要功能是什么？

b.《机械安全 激光加工机 第 1 部分：通用安全要求》（GB/T 18490.1—2017）对风险评估时间做了如下规定：风险评估应在激光加工机全生命周期的所有阶段进行，负责改变的人员或组织对加工机进行每一次改变之后必须进行风险评估。

ⓐ 请简要列出激光加工机全生命周期的至少四个以上的重要阶段，每个阶段根据自己所在企业的实际情况至少写出一项实际工作任务，填写表 5-6。

表 5-6　全生命周期主要阶段及具体任务

序号	阶段名称	具体任务举例	序号	阶段名称	具体任务举例
1			3		
2			4		

ⓑ 分析"加工机进行每一次改变"的具体内容，填写表 5-7。

表 5-7　"激光加工机改变"具体内容

序号	具体内容举例	序号	具体内容举例
1		3	
2		4	

（2）培训对象完成项目 5 任务一以下技能训练考核题。

① 利用课内外教材、网站、公众号等资源，搜集本企业或外企业激光设备设计生产维修期间防护辐射危险综合案例，填写表 5-8。

表 5-8　激光设备防护辐射危险综合案例训练

企业名称	
联系方式	
设计案例	
生产案例	
维修案例	

② 利用课内外教材、网站、公众号等资源，搜集本企业或外企业激光设备用户说明书安全使用相关条例，根据自己的实际工作岗位试着改写其中的 1～2 条，并与企业的安全员讨论改写效果，填写表 5-9。

表 5-9 更改激光设备用户说明书安全使用条例训练

序号	条例原文	改动文字
1		
2		

安全员意见：

安全员签名： 本人签名：

（3）培训教师和培训对象共同完成项目 5 任务一考核评价,填写考核评价表（见表 5-10）。

表 5-10 项目 5 任务一考核评价表

评价项目	评价内容	权重	得分	综合得分
专业知识	知识练习考核题完成情况	40％		
专业技能	技能训练考核题完成情况	40％		
综合能力	培训过程总体表现情况	20％		

任务二 突发安全事故应急救援预案实施

【学习目标】

知识目标

1. 了解企业突发安全事故应急救援知识
2. 了解常见突发安全事故应急救援特点

技能目标

1. 制定某类激光设备安全事故处置卡
2. 搜集整理激光企业职业病告知卡

【任务描述】

尽管我们可以通过一系列措施来预防、延迟激光设备的固有危险和外部影响（干扰）危险可能产生的各类安全事故,但百密必有一疏。因此,无论是企业管理者还是普通员工,在企业突发安全事故时应该根据事故应急处理预案各司其职,争取将安全事故的损失降低到最低并改进管理方法,举一反三,争取不再发生同类事故。

在本项目 5 任务二中,我们将学习激光企业突发安全事故应急救援知识,分门别类介绍激光企业典型突发安全事故应急救援预案,力求通过任务引领和案例分析的方式让读者掌握上述过程涉及的必要知识和主要技能。

【学习储备】

一、激光企业突发安全事故应急救援知识

(一)突发安全事故应急救援基础知识

1. 突发安全事故案例

图 5-6 所示的为某企业大型激光切割机作业岗位安全事故应急处置卡示意图,我们可以

岗位名称	激光切割机作业岗位
风险提示	主要包括:机械伤害、触电、物体打击、割伤、冻伤、中毒窒息
事件类型及处置措施	
机械伤害	1.发现者关闭机械设备(如条件允许进行断电处理)并高声呼喊传递事故信息,其他人员电话报告公司应急部门; 2.采取正确的方法使伤者的受伤部位与机器脱离; 3.附近人员对受伤人员实施抢救:抢救过程参照人身伤害事故专项应急预案及简易处置流程,并及时将伤员转送医院; 4.根据情况,拨打"119""120"急救电话; 5.保护好现场等待调查处理
触电	1.迅速切断电源,或用绝缘物体撬开电线或带电物体,使伤者尽快脱离电源; 2.将触电者移至安全地; 3.若伤者失去知觉,心跳、呼吸还在,应使其平卧,解开衣服,以利呼吸;若伤者呼吸、脉搏停止,必须实施人工呼吸或胸外按压抢救; 4.向上级报告,并拨打"120"急救电话,送医院救治
物体打击	1.发现者高声呼喊传递事故信息; 2.将伤者移到安全区; 3.现场包扎止血; 4.伤情严重,送医院救治
冻伤	发生冻伤,立即用清水冲洗受伤部位 10~15 min,最好浸入水中,不要涂擦
中毒窒息	气体泄漏:事故发生后立即大声示警,疏散周围泄漏污染区人员至上风处,并隔离至气体散净。 吸入:迅速脱离至空气新鲜处,保持呼吸道畅通,呼吸困难时给输氧,呼吸停止时立即人工呼吸,就医
火灾	1.发现火情,就近选取消防器材灭火; 2.如果火势太大,拨打"119"等待专业消防人员到来

图 5-6 大型激光切割机作业岗位安全事故应急处置卡示意图

看到,在激光设备应用企业,可能存在的突发安全事故主要包括机械伤害、触电、物体打击、割伤、冻伤及中毒窒息几个大类,应急处置卡还标明了事故类型及简单的处置措施。在激光设备制造企业,由于存在大量激光器和光路调试工作岗位,激光直射员工皮肤和眼睛造成突发安全事故的现象也时有发生,也应该在对应岗位的应急处置卡里体现出来。

值得指出的是,突发安全事故应急救援预案除了要遵守国家和政府部门强制性的法规以外,它还具有很强的企业自身特点,没有一个适合全部企业要求的处理流程且这些流程也随着社会和企业自身的不断发展在发生变化,本任务中的流程仅仅只能起到抛砖引玉的参考作用。

2. 应急救援预案编制依据

应急救援预案编制依据有:《中华人民共和国安全生产法》《国务院关于特大安全事故行政责任追究的规定》、各省市安全事故应急救援预案管理规定、《环境管理体系 规范及使用指南》(GB/T 24001—2016)、《质量管理体系 要求》(GB/T 19001—2016)、公司质量/环境/职业健康安全管理体系文件规定。

3. 应急救援预案主要内容

应急救援预案主要内容为:预案的适用范围;应急救援指挥系统;应急救援领导小组工作职责;事故的报告和现场保护;事故的救援措施;其他相关事项;应急救援领导小组成员通讯录;政府主管部门、求救电话;本地区各大医院地址、通讯录;救援器材设备配备。

(二)现场应急救援人员职责

1. 应急救援指挥系统

(1)现场突发安全事故应急救援应在公司统一领导下,部门各方密切配合,迅速、高效、有序开展。

(2)成立突发安全事故应急救援小组。小组组长一般由部门领导担任,副组长由部门分管领导担任,成员由相关负责人担任,下设办公室、现场救援组、事故调查(技术)组、后勤保障组等职能小组。

图5-7所示的为某单位某部门事故应急救援组织机构示意图。我们可以看出应急救援组织尽管名称不尽相同,但基本构成差别不大。

2. 应急救援小组职责

应急救援小组职责如下。

(1)组织有关部门按照应急救援预案开展救援工作,防止事故扩大,力争把事故损失降到最低限度;

(2)组织救援小组人员,配合专家制定应急救援方案,组织相关人员实施;

(3)紧急调用救援人员、警戒保卫人员,并确定场地物资、设备来源及数量,事故处理后负责归还;

(4)根据预案实施过程中发生的问题及时采取紧急处理措施;

(5)事故有危及周边单位和人员的险情时,配合有关单位组织人员撤离、物资疏散工作;

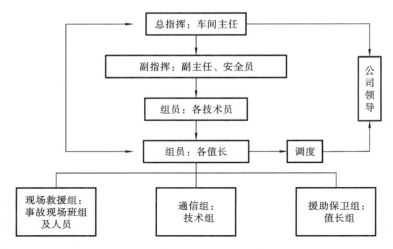

图 5-7　某单位某部门事故应急救援组织机构示意图

（6）组织或协助上级部门进行事故调查工作；

（7）做好稳定社会秩序和伤亡人员的善后及安抚工作；

（8）及时上报有关应急救援的进展等情况；

（9）定期组织演练，确保能够迅速、有序地开展应急救援工作。

3. 办公室工作职责

办公室工作职责如下。

（1）负责事故现场的信息收集、整理；

（2）负责执行救援小组和公司领导指示的上传下达；

（3）监督应急救援方案实施和有关会议决策落实情况；

（4）负责与公司的联络与沟通；

（5）负责通报有关事故情况；

（6）负责与新闻媒体的联络和沟通；

（7）协调其他部门参加救援活动的有关事项；

（8）负责办理应急救援小组和公司交办的其他工作。

4. 现场救援小组工作职责

现场救援小组工作职责如下。

（1）按照救援小组制定的应急救援方案组织实施；

（2）负责事故现场抢救人员、设备、物资的调配；

（3）负责事故现场人员和财产的抢救；

（4）负责事故现场抢救工作中的安全事项；

（5）协助事故调查组开展工作；

（6）负责办理救援小组交办的其他工作。

5. 事故调查(技术)组工作职责

事故调查(技术)组工作职责如下。

(1)配合专业组成员工作；

(2)配合救援小组对事故现场制定救援方案、计划和措施；

(3)现场事故调查取证；

(4)出具事故技术分析报告；

(5)负责办理救援小组交办的其他工作。

6. 后勤保障组工作职责

后勤保障组工作职责如下。

(1)负责事故现场所需救援人员、设备、物资的调度；

(2)做好受灾人员的情绪稳定工作；

(3)督促有关单位落实事故伤亡人员的善后工作；

(4)落实现场工作人员后勤保障工作；

(5)对急需调用的各种设备、人员和占用场地,事后负责落实归还；

(6)负责办理救援小组交办的其他工作。

(三)现场应急救援主要事项

1. 事故应急救援措施

1)接到事故报告

接到事故报告后,救援小组有关人员应立即履行职责,及时组织实施相应事故应急救援预案,将事故应急救援情况报告上级部门。

2)现场救援

根据实际发生事故情况,最大可能调集应急抢救人员、设备、物资迅速投入救援行动。必要时,呈报政府主管部门协调公安、消防等部门协助。

3)伤员抢救

立即拨打120或110电话请求急救车辆,尽量说清以下事项:说明伤情和已经采取的急救措施,便于救援人员做好急救准备;讲清楚伤者所在路名、路牌号、路口附近的特征建筑;说明救援人员单位、姓名和电话;通话后应派人在现场外等候救护车或消防车,同时清除路上的可能障碍。

4)事故现场取证

在开展救援行动的同时,配合专家调查取证工作,防止证据遗失。

5)应急协调

对救援工作中出现的问题及时协调解决,做好受灾人员的情绪稳定工作。

6)冷静处理

在应急救援行动中,救援人员应冷静地处理各项问题,严格执行安全技术操作规程,配齐安全设施和防护工具,加强自我保护,确保救援行动中人员和财产安全。

2. 事故报告内容

事故报告内容如下。

(1) 发生事故的单位及事故发生时间、地点;

(2) 事故的简要经过、伤亡人员情况、直接经济损失的初步估算;

(3) 事故原因、性质的初步判断;

(4) 事故救援情况和采取的措施;

(5) 需要上级有关部门和单位协助事故救援、处理的有关事宜;

(6) 事故上报单位全称,签发人和报告时间。

3. 事故现场保护内容

事故现场保护内容如下。

(1) 事故发生地的有关单位必须严格保护事故现场,并迅速采取必要措施抢救人员和财产。

(2) 因抢救伤员,防止事故的扩大及疏导交通等原因需移动现场物件时,必须做出标记,并妥善保存现场重要痕迹物证等。

二、常见突发安全事故应急救援特点

(一) 触电安全事故应急救援特点

1. 有潜在的触电事故的工作

有潜在的触电事故的工作有:车间设备的安装、调试及维修;在线路带电时砍伐靠近线路的树木工作等。

2. 低压触电事故紧急救援方法

低压触电事故紧急救援方法如下。

(1) 如果触电地点附近有电源开关或电源插销,可立即拉开开关或拔出插销,断开电源。

(2) 如果触电地点附近没有电源开关或电源插销,可用有绝缘柄电工钳或干燥木柄斧头切断电线以断开电源(切断电线要分相一根一根地切断,尽可能站在绝缘物体或干木板上);或用干木板等绝缘物插入触电者身下,以隔离电流。

(3) 人体是带电的,其鞋子的绝缘性也可能遭到破坏,救援人员不得接触触电者的皮肤,也不能抓触电者的鞋子。

(4) 当电线搭落在触电者的身上或被压在身下时,可用干燥衣服、手套、绳索、木板、木棒等绝缘物拉开触电者或挑开电源,如图 5-8(a)所示。

(5) 如果触电者的衣服是干燥的又没有紧缠在身上,可以用一只手抓住他的衣服,拉离电源。

(6) 如果触电发生在架空线杆、塔上,若可能应立即切断电源,或者由救援人员迅速蹬开触电者,束好安全皮带后,用绝缘设备将触电者移到安全地带,用带绝缘胶柄的钢丝钳、干燥的不导电物体或绝缘物体(如绳索)等将触电者拉离电源。

3．高压触电事故紧急救援方法

（1）立即通知有关部门停电。

（2）戴上绝缘手套、穿上绝缘靴，用相应电压等级的绝缘工具拉开开关。

（3）抛掷裸金属线使线路短路或接地，迫使保护装置动作来断开电源，注意抛掷金属线前，先将金属线的一端可靠接地，另一端系重物，然后抛掷；注意抛掷的一端不可触及触电者和其他人。

（4）如果触电者触及断落在地上的带电高压导线，且尚未确证线路无电，救援人员在未做好安全措施（如穿绝缘靴或临时双脚并紧跳跃地接近触电者）前，不能接近断线点至8～10 m，防止跨步电压伤人，如图5-8（b）所示。

（a）用绝缘物挑开电源　　　　　（b）跨步电压触电示意图

图5-8　高低压触电事故紧急救援方法示意图

触电者脱离带电导线后亦应迅速将其带至10 m以外后立即开始触电急救。只有在确证线路已经无电，才可在触电者离开触电导线后，立即对其进行急救。

4．临时照明

切除电源时，有时会同时使照明失电，因此要开启事故照明、应急灯等临时照明。

5．触电者脱离电源后的处理

（1）触电者伤势不重，神志清醒，应使触电者安静休息，暂时不要站立或走动，在严密观察的同时拨打120电话。

（2）触电者如神志不清，应就地仰面躺平，且确保气道通畅，并用5 s时间呼叫触电者或轻拍其肩部，以判断触电者是否意识丧失。禁止摇动触电者头部。如果失去意识，但用食指和中指指尖触摸颈动脉能感受动脉（心脏）跳动，如图5-9（a）所示，说明触电者心跳仍然存在，应使触电者舒适、安静地平卧，使空气流通，解开衣服以利其呼吸，同时拨打120电话。

（3）触电者呼吸困难或发生痉挛，迅速拨打120电话。送往医院途中注意触电者心跳或呼吸，如果突然停止应立刻实施心肺复苏（CPR），包括保持气道畅通、口对口人工呼吸和胸外

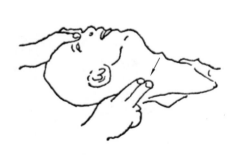

（a）判断触电者心跳是否存在

（b）心肺复苏(CPR)

图 5-9　触电事故处理示意图 1

按压三项,如图 5-9(b)所示。

① 胸外按压具体操作方法如下。

救援人员将手掌放在触电者胸骨与肋骨交汇胸窝处,垂直按压,如图 5-10(a)所示。注意按压与放松时间相等。每分钟按压频率为 100～120 次,胸骨下陷 4～5 cm。

（a）胸外按压　　　　　　　　　　　　　　　（b）气道畅通

图 5-10　触电事故处理示意图 2

② 保持气道畅通具体操作方法如下。

若触电者口内有食物、假牙、痰、血块等异物,应立即把触电者的头侧向一边,迅速用一根手指或两根手指交叉从口角处插入,从口中取出异物。然后将一只手放在触电者前额,另一只手将其骸颌骨向上抬起,两手一起把头推向后仰,舌根自然随之抬起,气道即可畅通,如图 5-10(b)所示。

③ 口对口人工呼吸具体操作方法如下。

救援人员自己深吸一口气,对着触电者的口,两嘴对紧不要漏气,将空气吹入触电者口中。为使空气不从鼻孔漏出,可用一手将鼻孔捏住,在触电者胸壁扩张后停止吹气,让胸壁自行回缩,呼出空气,这样反复进行,如图 5-11 所示。

对成人吹气 2 s、停 3 s，5 s 一次。成年人每分钟 12~16 次，儿童 18~24 次。一般地，口对口人工呼吸和胸外按压应交替进行，做 30 次胸外按压后，做 2 次人工呼吸。

注意，如果自行送触电者前往医院，途中不能终止急救。

（4）拨打 120 电话时，必须清楚说明事故发生时间、地点、事故情况、人员受伤情况，并指派专人到车辆必经路口为急救车辆引路。

图 5-11　口对口人工呼吸示意图

（5）要防止触电者脱离电源后可能的摔伤。在高处触电时应考虑防摔措施，在平地也要注意触电者倒下的方向，注意防摔。

6. 触电事故特征

1）触电事故危险性分析

设备故障、绝缘老化或操作者不当使用容易造成人员触电事故。触电事故会造成人员伤亡、设备损坏、生产中断，经济损失和人身伤害不可挽回。

2）事故高发季节和伤害形式

触电事故无明显的季节特征，夏季湿度大、气温高，设备绝缘老化的线路比较容易发生触电事故。触电者的伤害形式可分为电击和电伤两大类。

3）事故前可能出现的征兆

设备仪器、仪表指示不正常，电气保护装置频繁动作，空气中有异味，接地保护不完善等。

（二）机械伤害安全事故应急救援特点

1. 防止机械伤害事故措施

（1）教育培训措施如下。

对各类机械的操作者加强机械常识、安全操作知识的教育培训，提高安全生产技能和安全自我防护意识。

（2）对特种作业人员，按国家有关法律法规要求组织培训，持证上岗。

（3）加强机械设备维修保养。

各级使用单位、部门定期对机械设备进行维修保养，完善各类安全部件，对国家强制要求检测的设备经权威部门检测，对外严格检查检测合格证。

（4）做好机械设备专项检查。

设备管理部门定期对所有机械进行专项检查，重点检查设备安全部件、检测情况，设备完好状况，清除国家明令禁止使用的设备，对查出的设备安全隐患督促有关部门维修、整改，力求各类机械设备处于安全运行状态。

（5）加强现场监督检查。

各安全职能部门和现场安全员加强施工现场机械设备使用的监督检查，安全职能部门定期检查,现场专职安全员应有专人日常巡查,发现设备事故隐患,立即制定整改措施,定人定责确定整改时间,消除一切设备安全隐患。

(6) 设备现场配备必要的消毒药品和急救用品,确保发生事故时应急需求。

2. 发生机械伤害轻伤事故应急预案

(1) 立即关闭所使用机械,保护现场,向应急小组汇报。

(2) 尽快对伤者采取消毒、止血、包扎、止痛等临时措施。

(3) 尽快将伤者送往专门医院进行防感染和防破伤风处理,或做进一步检查。

3. 发生机械伤害重伤事故应急预案

(1) 立即关闭所使用机械,保护现场,及时向现场应急指挥小组及有关部门汇报,应急指挥部门接到事故报告后,迅速赶赴事故现场,组织抢救。

(2) 立即对伤者进行包扎、止血、止痛、消毒、固定等临时措施,防止伤情恶化。如有断肢等情况,及时用干净毛巾、手绢、布片包好,放在无裂纹的塑料袋或胶皮袋内,袋口扎紧,在口袋周围放置冰块、雪糕等降温物品,不得在断肢处涂酒精、碘酒及其他消毒液。

(3) 迅速拨打 120 电话,将其送往附近医院急救,断肢随伤员一起运送。

(4) 遇有创伤性出血的伤员,应迅速包扎止血,使伤员保持在头低脚高的卧位,并注意保暖。

4. 现场止血正确处理措施

1)一般小伤口止血法

先用生理盐水(0.9% NaCl 溶液)冲洗伤口,用较大创可贴或消毒纱布较紧地包扎伤口。

2)加压包扎止血法

用消毒纱布覆盖在伤口上,然后用绷带、三角巾等紧紧包扎伤口增强压力止血,如图5-12(a)所示。情况紧急时可以用干净毛巾、手绢、布料等代替纱布。

3)止血带止血法

止血带止血法适用于四肢的动脉出血,没有止血带时可以选择弹性好的橡皮管、橡皮带或三角巾、毛巾、带状布条等代替。

止血带应扎在伤口靠近心脏的部位,上肢出血结扎在上臂 1/2 处,下肢出血结扎在大腿1/3处,缠绕肢体 2~3 圈后固定,结扎的松紧程度以伤口刚好不出血为宜,如图 5-12(b)所示。

止血带每隔 30~60 min 必须松解一次,每次放松 2~3 min,改为指压止血,以免肢体缺血坏死。寒冷季节时应每隔 30 min 放松一次。结扎部位超过 2 h 者,应更换比原来较高位置结扎。

(三)火灾伤害安全事故应急救援特点

1. 现场火灾应急处置措施

(1) 火势很小,可以用手提灭火器、消防水源进行扑救;事故现场火势蔓延扩大,不能自行灭火时,应立即拨打 119 电话。

(2) 在消防人员到达事故现场之前,应尽可能切断火源、电源,撤离未着火物资,并根据

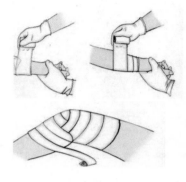
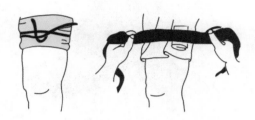

（a）加压包扎止血法　　　　　　　　　　　　　（b）止血带止血法

图 5-12　现场止血正确处理措施示意图

不同类型的火灾,采取不同的灭火方法,通过加强冷却,撤离周围易燃、可燃物品等办法来控制火势。

（3）在发生有可能形成有毒或窒息性气体的火灾时,应佩戴防毒面具或采取其他措施,以防救援人员中毒,消防人员到达事故现场后,积极配合专业消防人员完成灭火任务。

（4）通知现场人员尽快疏散,无能力自救时应全部撤离火灾现场。

2. 电气设备着火处置措施

（1）切断供电线路及电气设备电源,如图 5-13（a）所示。

（2）灭火人员充分利用现有的消防设施、装备器材实施灭火。

（3）及时疏散事故现场有关人员及抢救疏散火源周围的物资。

（4）着火事故现场由熟悉带电设备的技术人员负责灭火指挥或组织消防人员扑灭电气火灾。

（5）扑救电气火灾,选用干粉灭火器、二氧化碳灭火器,不得使用水、泡沫灭火器灭火,如图 5-13（b）所示。

（a）切断电源　　　　　　　　　　　　　　　（b）灭火方法的选择

图 5-13　电气设备着火处理示意图

（6）灭火人员应穿绝缘鞋、佩戴绝缘手套,必要时佩戴防毒面具等加强自我保护,如图 5-14所示。

图 5-14　绝缘鞋、绝缘手套示意图

（7）专业消防人员到达后，员工积极配合灭火抢险。

3．现场火灾受伤人员应急处置措施

（1）伤者衣服着火时，可就地翻滚，用水或毯子、被褥等物覆盖灭火，如图 5-15 所示。

图 5-15　衣服着火处理示意图

（2）尽快将伤者的衣物剪开脱去，不可硬行撕拉，伤口处用消毒纱布或干净棉布覆盖。对于烧伤面积较大的伤员，要注意呼吸心跳变化，必要时进行心肺复苏。

（3）立即将伤者用现场救援车辆送至医院救治或拨打 120 电话。

4．其他注意事项

（1）没有防毒面具的人员，可用湿毛巾、湿衣服捂住口鼻弯腰或贴地匍匐迅速撤离火灾区域。

（2）未经医务人员同意，灼伤部位不宜敷搽任何物品。

（3）火灾初期，在保证人员安全的情况下，才能组织人员灭火，把重要档案资料抢救至安全区域。火势较大时，所有非消防专业人员必须撤离现场。

（4）应按既定疏散通道有序疏散，防止发生人员踩踏事件，严禁搭乘电梯。

（5）安排人员为消防车带路。

5．现场应急救援物资及工器具

（1）急救箱及急救药品、止血带、夹板、纱布、消毒酒精等若干；

（2）通信工具（手机、对讲机）等若干，随身携带；

（3）照明工具若干，随身携带；

（4）软担架和平板担架若干；

（5）救护车辆 1 辆；

（6）灭火器若干；

（7）消防桶、铁锹、干沙若干；

（8）防毒面具、绝缘手套、绝缘鞋若干；

（9）消防栓、消防水带若干。

（四）激光伤害安全事故应急救援特点

1. 激光伤害部位和症状

激光对人体伤害的主要部位是皮肤和眼睛等，也可能引起头晕、乏力、食欲减退等全身症状，如图 5-16 所示。

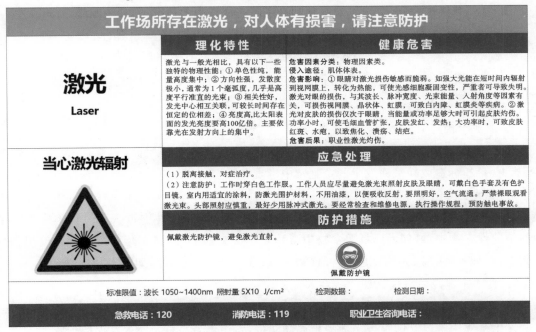

图 5-16　激光辐射职业病危害告知卡示意图

1）对眼睛的伤害和症状

激光对眼睛的伤害主要表现为水肿、充血、出血、视网膜移位、穿孔，严重时可致盲，详见本书项目 3 任务一激光辐射的危险与防护相关内容。

2）对皮肤的伤害和症状

激光对皮肤的伤害表现为红斑、充血、水肿、溃疡及炭化结痂，重者可形成水疱或血疱，比一般皮肤灼伤更难愈合,详见本书项目 3 任务一激光辐射的危险与防护相关内容。

2. 皮肤组织激光损伤的处理

1)小面积、轻度损伤

小面积、轻度激光损伤后,伤者应迅速脱离现场,保持安静,充分休息。如果有出血和组织液渗出,可适量补充维生素,必要时采用糖皮质激素治疗。如果产生水疱,尽量不要人为挤破水疱,已破的水疱切忌剪除表皮。也可采用活血、化瘀、消肿的中药治疗方式。

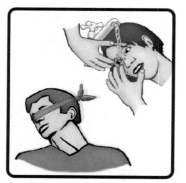

图 5-17　眼睛激光损伤后冲洗眼睛示意图

2)较严重损伤

较严重激光损伤后,伤者应迅速脱离现场,并将伤者送往医院皮肤科做进一步治疗。激光对皮肤的损伤大多数经过治疗后可痊愈。

3. 眼睛激光损伤的处理

(1)自我应急处理方法。

操作者眼睛被激光辐射后,可第一时间打开水龙头在对眼睛和鼻子不造成压力的情况下,冲洗眼睛 10 min 左右,以便眼球内部视网膜冷却,如图 5-17 所示。

(2)应尽早将伤者送往医院眼科进行专业治疗。

(五)中毒安全事故应急救援特点

1. 中毒安全事故分类

1)职业中毒

职业中毒是指劳动者在生产过程中接触了毒物,或有毒有害气体(一氧化碳、硫化氢、甲烷、苯)含量超标造成缺氧而发生的窒息及中毒现象。

2)食物中毒

食物中毒是员工食用了有毒有害食品而引起的急性、亚急性中毒现象。食物中毒主要包括细菌性食物中毒(如大肠杆菌食物中毒)、化学性食物中毒(如农药残留中毒)、动植物性食物中毒(如木薯、扁豆中毒)、真菌性食物中毒(毒蘑菇中毒)等等,如图 5-18(a)所示。

2. 食物中毒应急救援处理

1)报告

发生食物中毒要立即报告当地卫生局和防疫站,中毒者应被及时送往医院治疗。

2)催吐

对中毒不久而无明显呕吐者,可先用手指、筷子等刺激其舌根部的方法催吐,或大量饮用温开水并反复自行催吐,减少毒素的吸收,如图 5-18(b)所示。

3)导泻

如果中毒者吃下中毒食物的时间较长(如超过两小时),而且精神较好,可煎服或用开水冲服大黄、番泻叶等泻药,促使有毒食物排出体外。

（a）食物中毒   （b）救援处理方法

图 5-18   食物中毒及其处理示意图

4）解毒

如果是因吃了变质的鱼、虾、蟹等引起的食物中毒，可取食醋 100 mL，加水 200 mL，稀释后一次服下。若是误食了变质的防腐剂或饮料，用鲜牛奶或其他含蛋白质的饮料灌服。

3. 食物中毒安全事故的预防

1）食品加工从业人员

持有效健康证上岗，每年健康体检，保持个人卫生，穿戴工作衣帽，非厨房工作人员不得擅自进入厨房。

2）食品加工场所

有卫生许可证。有合格的消毒、更衣、盥洗、采光、照明、通风、防腐、防尘、防蝇、防鼠、洗涤、污水排放、存放垃圾和废弃物的设施。

3）食物采购加工

食物原料定点采购，不购进发芽的土豆，以及发霉的米、面、花生、甘蔗、瓜菜等，不加工因病因毒死亡的禽、畜，以及已死亡的黄鳝、甲鱼、虾、蟹、贝类等水产品。蔬菜用清水洗净浸泡。

砧板、盛食物的容器要生熟分开，碗筷要经常消毒，所有食品均应实行 24 h 留样。

4. 职业中毒应急救援处理

（1）当发生中毒事故时，首先必须切断毒物来源，立即使中毒者停止接触毒物，对中毒地点进行送风输氧处理，然后派有经验的救援人员佩戴防毒器具进入事故地点将中毒者移至空气流通处，使其呼吸新鲜空气和氧气，并对中毒者进行紧急抢救。

（2）发生中毒事故后，应立即抢救中毒者，停止一切施工作业，派人对险段进行警戒和监护，防止人员进入。

（3）迅速封闭事发现场，立即报告政府有关部门等待处理。

（4）抢险人员抢险前，首先查明事故现场情况，观察周围环境，在保证自身安全的前提下参与抢险，严禁冒险蛮干。抢险人员应互通信息，及时通报抢险工作，遇不明情况要及时报告。

5. 中毒安全事故的预防

1）根除毒物

从生产工艺流程中消除有毒物质，用无毒或低毒物质代替有毒物质；降低毒物浓度：革新技术，改造工艺，尽量采用先进技术和工艺过程，避免开放生产，消除毒物扩散的条件。

2）通风排毒

生产作业场所要通风，不通风的场所要设置通风装置，保证新鲜空气流通；生产中产生粉尘时必须带水作业，减少粉尘飘浮给人体带来的危害。

3）搞好个体防护

必要时佩戴口罩或防毒面具。对于特殊有毒作业工作应及时调整劳动时间。

【任务实施】

（1）制订项目 5 任务二工作计划，填写项目 5 任务二工作计划表（见表 5-11）。

表 5-11　项目 5 任务二工作计划表

1. 任务名称			
2. 搜集整理项目 5 任务二课外书、网站、公众号	（1）	课外书	
	（2）	网站	
	（3）	公众号	
3. 搜集总结项目 5 任务二主要知识点信息	（1）	知识点	
		概述	
	（2）	知识点	
		概述	
	（3）	知识点	
		概述	
	（4）	知识点	
		概述	
	（5）	知识点	
		概述	
4. 搜集总结项目 5 任务二主要技能点信息	（1）	技能点	
		概述	
	（2）	技能点	
		概述	
	（3）	技能点	
		概述	
5. 工作计划遇到的问题及解决方案			

（2）完成项目 5 任务二实施过程，填写项目 5 任务二工作记录表（见表 5-12）。

表 5-12　项目 5 任务二工作记录表

工作任务	工作流程		工作记录
1.	（1）		
	（2）		
	（3）		
	（4）		
2.	（1）		
	（2）		
	（3）		
	（4）		
3.	（1）		
	（2）		
	（3）		
	（4）		
4. 实施过程遇到的问题及解决方案			

【任务考核】

（1）培训对象完成项目 5 任务二以下知识练习考核题。

① 搜集所在企业突发安全事故应急救援预案编制依据相关信息，填写表 5-13。

表 5-13　应急救援预案编制依据

序号	依据文件名称及版本
1	
2	
3	
4	
5	

② 搜集整理灭火器类型相关信息，填写表 5-14。

表 5-14　灭火器类型相关信息

序号	灭火器类型名称	适用火灾范围
1		
2		
3		
4		

③ 搜集整理心肺复苏相关信息，回答以下问题。

a. 写出心肺复苏的英文全称和缩写。

b. 写出心肺复苏措施包括的具体项目名称和注意事项。

④ 图 5-19 至图 5-23 所示的为某一类现场应急救援动作，请写出它们的动作名称、主要应用场合和注意事项。

图 5-19　应急救援动作 1

图 5-20　应急救援动作 2

图 5-21　应急救援动作 3

图 5-22　应急救援动作 4

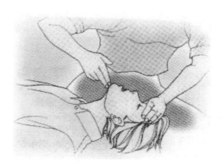

图 5-23　应急救援动作 5